中国蜜蜂资源与利用丛书

蜂王浆

Royal Jelly

范　沛　编著

中原农民出版社

· 郑州 ·

图书在版编目（CIP）数据

蜂王浆 / 范沛编著 . —郑州：中原农民
出版社，2018.9
（中国蜜蜂资源与利用丛书）
ISBN 978-7-5542-1996-6

Ⅰ . ①蜂… Ⅱ . ①范… Ⅲ . ①蜂乳 – 加工
Ⅳ . ① S896.3

中国版本图书馆 CIP 数据核字（2018）第 191881 号

蜂王浆

出 版 人　刘宏伟
总 编 审　汪大凯

策划编辑　朱相师
责任编辑　尹春霞
责任校对　张晓冰
装帧设计　薛　莲

出版发行　中原出版传媒集团　中原农民出版社
　　　　　　（郑州市经五路66号　邮编：450002）
电　　话　0371-65788655
制　　作　河南海燕彩色制作有限公司
印　　刷　北京汇林印务有限公司
开　　本　710mm×1010mm　1/16
印　　张　9.5
字　　数　103千字
版　　次　2018年12月第1版
印　　次　2018年12月第1次印刷

书　　号　978-7-5542-1996-6
定　　价　49.00元

前 言
Introduction

　　蜂王浆是重要的蜂产品，也是我国的特色农产品，其成分复杂，功能独特，是一种天然、名贵的保健食品。小小一瓶蜂王浆，却是蕴含丰富生物学、化学、医学、农学、食品科学和生态学知识的宝库；在蜂王浆的研究中，也应用了各种先进的技术手段。正所谓"全面开发蜂王浆，帮助农民奔小康；系统利用蜂王浆，促进全民保健康"。要深入开发和利用好蜂王浆，就必须全面、系统地了解它，这也是我们编写本书的目的。

　　本书共分为八个专题：第一个专题"蜂王浆的组成"，描述了蜂王浆的基本特点，阐述了蜂王浆的主要化学成分；第二个专题"蜂王浆的形成"，从生物学角度分析了蜂王浆的形成过程；第三个专题"蜂王浆蛋白质的获取"，展示了蜂王浆蛋白质分离与提取技术；第四个专题"蜂王浆里的明星小分子——10-HDA"，讲述了10-HDA这一蜂王浆中独特小分子的特点及其应用；第五个专题"蜂王浆对蜂群生态的作用"，叙述了蜂王浆对维持蜜蜂级型分化的重要作用；第六个专题"蜂王浆的保健功能"，分类呈现了蜂王浆对多种疾病的治疗功效；第七个专题"蜂王浆的生产与品质鉴定"，列举了蜂王浆生产技术和品质鉴定的指标以及相关成分的检测方法；第八个专题"蜂王浆研究和生产概况"，总结了目前关于蜂王浆研究的特点，以及生产和市场行情的概况。因此，本书可供从事蜂王浆生产、研发和销售的人员阅读、参考。

本书的编写得到国家现代蜂产业技术体系（CARS-44-KXJ14）和中国农业科学院科技创新工程项目（CAAS-ASTIP-2015-IAR）的大力支持。

由于作者水平有限，加之时间仓促，错误、疏漏和不当之处在所难免，敬请广大读者批评指正，欢迎提出宝贵意见和建议。另外，书稿编写过程中使用了一些珍贵照片，在此表示感谢。

编者

2018 年 8 月

目 录
Contents

专题一

蜂王浆的组成

　　蜂王浆又称蜂皇浆、蜂乳。在英文中，蜂王浆叫"Royal jelly"或者"Bee milk"。从字面上不难理解，蜂王浆是一种营养价值很高的蜂产品。我国是生产蜂王浆的大国，占全球蜂王浆产量的 90% 以上。由此可见，蜂王浆在我国农业生产和国民经济活动中占有举足轻重的地位。因此，我们需要很好地读懂、理解蜂王浆。

一、蜂王浆概述

蜂王浆是一种浆状混合物，由蜜蜂蜂群中的工蜂哺育蜂咽下腺和上颚腺分泌。从外观上看，新鲜蜂王浆为黄白色，见图1-1。

图1-1 蜂王浆 （李建科 摄）

蜂王浆呈酸性，pH为3.6～4.2，pH可由专门的酸度计测得。图1-2为美国Thermo公司生产的酸度计。

图1-2 Thermo Orion 3-Star 精密台式pH计

组成蜂王浆的化学成分为水、蛋白质、糖类、脂类、维生素和矿物质等多种营养物质。因此，蜂王浆可以称作一个庞大的化学宝库。作为蜂群中蜂王和 3 日龄内小幼虫的食物，蜂王浆具有营养物质丰富而全价的特点。更值得一提的是，蜂王浆中的有些成分（例如蜂王浆主蛋白家族和 10- 羟基 -2- 癸烯酸，简称 10-HDA）为蜂王浆所独有，这使蜂王浆具有特殊的功能、重要性和市场吸引力。蜂王浆中的主要化学成分如下所述。

二、水分

由于蜂王浆为浆状物，因此水分含量较高，占蜂王浆总重量的 60% ～ 70%。水分虽然不是珍贵的营养物质，但是具有重要的生理功能，对维持蜂王浆 pH 和渗透压，以及营养物质溶解和吸收等均具有重要的作用。正如牛奶是一种营养丰富的食品，牛奶中的水分含量在 90% 左右。

三、蛋白质

蛋白质是组成生命体的重要材料，并且参与各种生理生化过程，是生命体中主要的活性物质。蜂王浆中含有丰富的蛋白质，蛋白质占蜂王浆总重的 9% ～ 18%，干重（即失水后的重量）可达 50%，其中蜂王浆主蛋白家族占蜂王浆蛋白质的 83% ～ 90%，是蜂王浆中主要的蛋白质成分。蜂王浆主蛋白有 9 种，这 9 种蛋白质的氨基酸序列各不相同，其性质和功能也不同，但具有较高的同源性。

蜂王浆中除了主蛋白之外，还有其他一些蛋白质（或蛋白质成分）如：

1. 酶

蜂王浆中含有对人体有益的酶类蛋白质（基本上所有酶都属于蛋白质，

是生物体内化学反应的催化剂），例如，超氧化物歧化酶（简称 SOD）、碱性磷酸酶、胆碱酯酶、谷胱甘肽酶以及葡萄糖氧化酶等。这些酶类可能是蜜蜂自身代谢的产物。上述酶类均在生命体中发挥重要功能。例如超氧化物歧化酶具有抗氧化、抗衰老的作用，这也是人们熟知的护肤品中的成分（图 1-3）。

图 1-3　市售不同品牌的 SOD 蜜产品（范沛　摄）

2. 肽类

蜂王浆中含有一些肽类，其中有些也是蜂王浆中特有的成分，例如 Royalisin 和 Jelleines（包括 Jelleine-I、Jelleine-II、Jelleine-III 和 Jelleine-IV），这两种肽类均具有抗菌活性。有学者认为，有些肽类是蜂王浆主蛋白酶解（在蛋白酶作用下，分子量较大的蛋白质的某些肽键断裂，降解为分子量较小的蛋白质或多肽）后的产物，例如，Jelleines 可能来源于蜂王浆主蛋白。

3. 游离氨基酸

游离氨基酸是指没有组成蛋白质的单个氨基酸。蜂王浆中的游离氨基酸有 20 多种，其平均含量为 7.3 毫克 / 克，主要包括脯氨酸、赖氨酸、谷氨酸、苯丙氨酸、天冬氨酸、丝氨酸和 β – 丙氨酸。

四、糖类

糖类又称碳水化合物。这类化合物只含有碳、氢和氧三种元素，并且氢氧比为 2 ∶ 1（和水分子的氢氧比相同），故称之为碳水化合物。糖是生物体三大营养物质（糖、蛋白质和脂肪）之一，其主要作用是通过代谢为细胞提供能量。糖代谢可分为糖酵解和有氧氧化两种途径，这两种途径均可生成 ATP（三磷酸腺苷）。ATP 具有高能磷酸键，是细胞内储存能量的物质，因此有"能量货币"之称。糖与机体内其他物质关系密切，在体内可以转化为脂肪；核糖是组成遗传物质——基因（脱氧核糖核酸和核糖核酸）的原料之一；糖还可与蛋白质反应形成糖蛋白，这种反应被称为蛋白质的糖基化修饰，是蛋白质翻译后修饰的重要类型之一。因此，糖类是人体必不可少的营养物质（图 1-4 为市售不同厂家生产的葡萄糖类产品）。

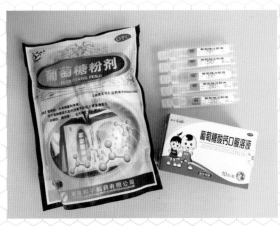

图 1-4　市售不同厂家生产的葡萄糖类产品

食物是人体摄入糖类的主要途径，并且大多数糖具有甜味，可提高食物对人体的适口性，故可增加食物的摄入量。

蜂王浆中的糖类占其总重的 7% ~ 18%，占干重的 30% 左右。其中主要的糖类为葡萄糖（含量为 5.8% 左右）、果糖（含量为 4.6% 左右）和蔗糖（含量为 1% 左右）。这三种糖占蜂王浆总糖的 90% 以上。此外，还有一些含量较少的糖类，例如麦芽糖、海藻糖、蜜二糖和核糖。蜂王浆中所含糖的种类与蜂蜜相似。糖类属于小分子化合物，无论在哪种生物体或食品中，它们的结构和化学性质都是完全一样的。因此，这些糖类并非蜂王浆所独有。

五、脂类

脂类是不溶于水而能被乙醚、氯仿、苯等非极性有机溶剂抽提出的有机小分子化合物。生命体中的脂类具有广泛的生物学功能，例如细胞膜的主要成分就是脂类（图 1-5）。

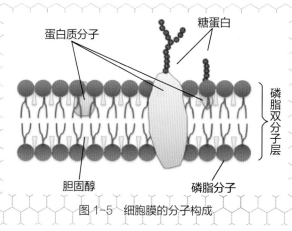

图 1-5 细胞膜的分子构成

蜂王浆中的脂类占其干重的 3% ~ 19%，其中约 90% 的脂类由脂肪酸构成，其余为中性类脂物、类固醇、烃和酚等。蜂王浆中的脂肪酸为 8 ~ 10 个碳原子，包括羟基脂肪酸和二羟酸。蜂王浆中含量较高的脂肪酸是 10-HDA，它是一种不饱和脂肪酸，在蜂王浆中的含量为 1.4% ~ 2.0%，占蜂王浆脂肪酸总量的 50% 以上，属蜂王浆特有，因此又称王浆酸，其化学结构式如图 1-6。

图 1-6　10-HDA 的化学结构式

六、维生素

维生素是一类维持机体正常生理功能必需的有机化合物，因此也是药品和保健品的主要成分，图 1-7 为常见的维生素类产品。蜂王浆中的维生素以 B 族维生素为主，其中维生素 B_5 含量最高，之后为维生素 B_2、维生素 B_6、维生素 B_8、维生素 B_9 和维生素 B_{12}，另外还含有少量的维生素 PP 和维生素 C。

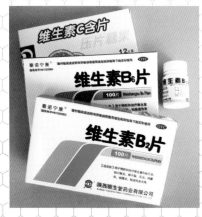

图 1-7　常见的维生素类产品（范沛　摄）

七、矿物质和微量元素

矿物质和微量元素都属于无机盐，是维持人体正常生命活动不可或缺的物质。人体缺乏矿物质或微量元素，需从外界补充。图1-8为市售含矿物质的产品。蜂王浆中的这类物质含量为其干重的4%～8%，主要包括钾、磷、硫、钠、钙、铝、镁、锌、铁、铜和锰等。

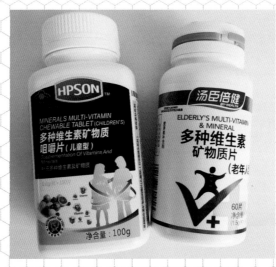

图1-8　市售含矿物质的产品（范沛　摄）

除上述成分以外，蜂王浆中还含有极少量的杂环化合物、核苷酸、磷酸盐、磷酸腺苷、乙酰胆碱、葡萄糖酸、苯甲酸、苹果酸、柠檬酸和乳酸等。目前蜂王浆中还有一些无法确定的物质，被称为"R物质"（R是蜂王浆英文Royal jelly的首字母）。

综上所述，蜂王浆的成分复杂多样，有些成分属于蜂王浆独有，例如蜂王浆主蛋白等蛋白质和10-HDA；有些成分，例如糖类、维生素和微量元素，则并非其独有。这些化学成分在蜂王浆中的含量可能随蜂种、蜂群状态、泌浆时间、气候、环境和产地等诸多因素的不同而发生明显变化。

基于抗原－抗体反应的蛋白质检测技术

蛋白质是蜂王浆中除水外含量最高的物质。不仅如此，蛋白质是生命体最主要的构成材料，也是众多活性物质（例如酶、激素）的主要存在形式或成分。因此，定性和定量检测蛋白质的技术在生命科学中有广泛的应用。

目前可应用于蛋白质检测的技术非常多，下面介绍常用的三种蛋白质检测方法：凝胶电泳－免疫印迹法、酶联免疫检测法和免疫组织／细胞化学法。这三种方法都可对蛋白质进行定性或定量、半定量检测，并且在方法上具有相似性，即利用抗原和抗体相结合的原理。在使用这三种方法之前，首先要具备能够和目标蛋白（抗原）特异性结合的抗体，理论上讲，任何已知蛋白质都可以通过免疫实验动物而生产出相应的抗体（相关技术获得了 1984 年诺贝尔奖）。有了抗体，就可以和目标蛋白特异性结合，并且可以有第二种抗体和第一种抗体再结合，称之为二抗。二抗是经过特殊的酶标记的，标记的酶可以催化底物显色或者发光，根据显色或发光程度反映目标蛋白的多少，借此可以间接计算目标蛋白的量。

三种方法不同之处在于，凝胶电泳－免疫印迹法用于检测组织或细胞的蛋白质，将固态的组织或细胞破碎后制备蛋白样品，经过凝胶电泳分离，再转到膜上进行抗原抗体结合；酶联免疫检测法通常用于检测液态样品中的蛋白质，例如蜂王浆、血液等；免疫组织／细胞化学法不破坏组织和细胞，在保持其形态的前提下直接反应，因此可观察目标蛋白在组织或细胞中的分布情况。上述这些蛋白质检测的方法广泛应用于生物学各个领域的研究中。

专题二
蜂王浆的形成

　　蜂王浆这个宝库的缔造者是谁？这个宝库里的成分又是怎样形成的？看似简单的问题却蕴含着复杂的分子生物学知识。归根结底，蜂王浆中最独特、最重要的物质——蜂王浆主蛋白家族和 10-HDA，都是在基因的指导下完成的。蜂王浆的形成过程涉及分子生物学最核心的内容——基因及其表达。

一、蜂王浆的生产者

蜜蜂蜂群具有严格的社会分工，每只蜜蜂都有自己的职责。简言之，蜂群中有蜂王、工蜂和雄蜂。蜂王和工蜂（图 2-1）都是雌蜂。蜂王负责繁殖后代（图 2-2），雄蜂负责和蜂王交配。采集花粉、生产蜂蜜和蜂王浆均由工蜂完成。按照日龄，工蜂分为幼虫、哺育蜂和采集蜂三个阶段。蜂王浆即由哺育蜂分泌。意大利蜜蜂和中华蜜蜂的哺育蜂日龄分别为 9 ~ 18 日龄和 4 ~ 10 日龄。哺育蜂咽下腺（王浆腺）发达，因此分泌蜂王浆能力强。

图 2-1　蜂王和工蜂（范沛　摄）

图 2-2　正在产卵的蜂王（范沛　摄）

二、蜂王浆主蛋白的生物合成

（一）生物体内蛋白质形成过程简述

如前所述，蛋白质是蜂王浆中除水之外含量最高的物质。这些蛋白质从哪里来呢？生命体中的每一个蛋白质都有其相对应的基因，即蛋白质的氨基酸序列，由其基因编码。在细胞中，基因是遗传的物质基础，其本质是核酸。核酸可分为两大类：脱氧核糖核酸（DNA）和核糖核酸（RNA）。DNA 位于细胞核染色体上，是很长的线性分子（有些 DNA 在细胞质的线粒体中，呈闭合的环状）。DNA 由五碳糖（脱氧核糖）、磷酸和含氮碱基组成。含氮碱基有四种：腺嘌呤（A）、鸟嘌呤（G）、胞嘧啶（C）和胸腺嘧啶（T）。所有的基因都是由这四种含氮碱基组成，四种含氮碱基排列顺序的不同决定了基因的不同。因此，基因序列通常由四种碱基出现的顺序表示，即不同基因具有不同的序列。细胞核中的基因组 DNA 通过两条链上的 A–T、C–G 互补配对构成（A 和 T 之间可形成两个氢键，C 和 G 之间可形成三个氢键）。例如，一条链序列为 5'-ATT CGG TAG TCC – 3'，其互补链的序列为 3'– TAA GCC ATC AGG – 5'。基因的序列可通过基因测序仪测得。图 2-3 为美国 Illumina 公司生产的基因测序仪。

图 2-3　NextSeq 500 台式基因测序仪

DNA 作为遗传信息的模板，其中的一条链在细胞核中通过转录作用，形成与自身序列互补的单链 RNA。RNA 由核糖、磷酸和四种含氮碱基构成。RNA 分子中的含氮碱基除了不含胸腺嘧啶（T）而含有尿嘧啶（U）外，其余 3 种和 DNA 分子中的一样。例如，模版序列为 5'-ATT CGG TAG TCC - 3'的 DNA 分子，其转录产物 RNA 分子序列为 3'- UAA GCC AUC AGG - 5'。这种由 DNA 转录而来，进一步编码蛋白质的 RNA 一般也被称为信使 RNA（mRNA）。

mRNA 从细胞核进入细胞质，在核糖体上翻译成为蛋白质。一般来说，3 个碱基分子编码一个氨基酸。碱基序列与氨基酸的对应关系如表 2-1 所示。因此，序列为 5'-GGA CUA CCG AAU - 3'的 RNA 分子，所编码的氨基酸序列为"甘氨酸·亮氨酸·脯氨酸·天冬酰胺"。通过上述步骤，生物体实现了遗传信息从 DNA 到蛋白质的形成，这个过程就叫基因的表达。

表 2-1　编码氨基酸的密码子

第一个碱基	第二个碱基				第三个碱基
	U	C	A	G	
U	苯丙氨酸(F) 苯丙氨酸(F) 亮氨酸(L) 亮氨酸(L)	丝氨酸(S) 丝氨酸(S) 丝氨酸(S) 丝氨酸(S)	酪氨酸(Y) 酪氨酸(Y) 终止密码子 终止密码子	半胱氨酸(C) 半胱氨酸(C) 终止密码子 色氨酸(W)	U C A G
C	亮氨酸(L) 亮氨酸(L) 亮氨酸(L) 亮氨酸(L)	脯氨酸(P) 脯氨酸(P) 脯氨酸(P) 脯氨酸(P)	组氨酸(H) 组氨酸(H) 谷氨酰胺(Q) 谷氨酰胺(Q)	精氨酸(R) 精氨酸(R) 精氨酸(R) 精氨酸(R)	U C A G

第一个碱基	第二个碱基				第三个碱基
	U	C	A	G	
A	异亮氨酸(I) 异亮氨酸(I) 异亮氨酸(I) 甲硫氨酸(M) （起始密码子）	苏氨酸(T) 苏氨酸(T) 苏氨酸(T) 苏氨酸(T)	天冬酰胺(N) 天冬酰胺(N) 赖氨酸(K) 赖氨酸(K)	丝氨酸(S) 丝氨酸(S) 精氨酸(R) 精氨酸(R)	U C A G
G	缬氨酸(V) 缬氨酸(V) 缬氨酸(V) 缬氨酸(V) （起始密码子）	丙氨酸(A) 丙氨酸(A) 丙氨酸(A) 丙氨酸(A)	天冬氨酸(D) 天冬氨酸(D) 谷氨酸(E) 谷氨酸(E)	甘氨酸(G) 甘氨酸(G) 甘氨酸(G) 甘氨酸(G)	U C A G

（二）蜂王浆主蛋白家族基因及其表达特点

蜂王浆主蛋白1～9也是由其相对应的基因编码合成。其中每3个碱基指导合成1个氨基酸。

蜂王浆主蛋白家族由YELLOW蛋白质家族进化而来，YELLOW蛋白质家族是一个古老的蛋白质家族，在节肢动物中分布较为普遍。编码蜂王浆主蛋白家族的基因不仅在蜜蜂中存在，而且在其他膜翅目昆虫中也广泛存在。蜂王浆主蛋白的一个特点是含有较多的重复区域（例如蜂王浆主蛋白3和5），而重复区域长度与含氮量成正比。因此，这些富含营养的重复区域可为蜜蜂蜂王和小幼虫提供有效的营养物质。

咽下腺是蜜蜂哺育蜂分泌蜂王浆主蛋白的器官。因此，蜂王浆主蛋白1～5在哺育蜂咽下腺中表达，而在采集蜂咽下腺中不表达。蜂王浆主蛋白1~8在哺育蜂大脑中也是表达的。蜂王浆主蛋白1和3在雄蜂的头部、身体和蜂王的卵巢及它们的幼虫阶段都是表达的。此外，这两种蛋白质在蜜蜂幼虫和蛹的血淋巴（即"蜜蜂的血"）中均存在，但在蛹血淋巴中的含量显著低于幼虫。当蜜蜂在病理状态下，例如受到幼虫芽孢杆菌感染，蜜蜂血淋巴中这两种蛋白质表达水平会显著下降。因此，这也说明蜂王浆主蛋白家族并非只是食物成分，在蜜蜂生理、发育和社会行为活动中亦发挥重要的作用。

总体来说，在雄蜂和蜂王体内的各个组织中，蜂王浆主蛋白家族基因的转录水平均比较低，尤其是蜂王浆主蛋白1~5。蜂王浆主蛋白1~7在哺育蜂和采集蜂头部的转录水平比笼养（在人工培养箱中饲养，如图2-4所示，其饲料不含蛋白质，79%为糖粉、20%为蜂蜜。这样可使分泌蜂王浆的咽下腺停止发育）工蜂、雄蜂和蜂王高。蜂王浆主蛋白8的转录水平

图2-4　人工培育的幼虫（李建科　摄）

较为稳定，与蜜蜂级型、性别和组织关系不大。蜂王浆主蛋白9的转录情况较为特殊，在工蜂各阶段和处女蜂王中转录水平较高，而在雄蜂和交配过的蜂王中转录水平较低。此外，除了雄蜂，蜂王浆主蛋白9在各级型蜜蜂的胸、腹部均具有很高的转录水平。

蜂王浆主蛋白8和9可能是其他几种蜂王浆主蛋白的祖先。由于这两种蛋白质在工蜂头部、胸部和腹部表达相对较为稳定，所以它们的表达不具有组织特异性。此外，这两种蛋白质在蜂毒中也有发现。更值得注意的是，有些物种（例如欧洲熊蜂和木蚁）仅有一个蜂王浆主蛋白，而这个蛋白质与蜂王浆主蛋白9序列具有较高的相似性（44% ~ 56%）。因此，科学家们认为，蜂王浆主蛋白1 ~ 7是由蜂王浆主蛋白8和9进化而来的。

笼养的哺育蜂和采集蜂头部蜂王浆主蛋白1 ~ 7转录水平显著低于正常的哺育蜂和采集蜂。由于食物中缺乏蛋白质，并且不与卵接触，所以笼养蜂的咽下腺不发育。因此，不难理解，蜂王浆主蛋白1 ~ 7具有较低的转录水平。这说明蜂王浆主蛋白的表达受到环境因素的影响。如前所述，蜂王浆主蛋白3和5具有较多的重复区域，它们被认为是提供营养物质的蛋白质。研究报道的数据显示，蜂王浆主蛋白3和5在正常哺育蜂中的转录水平分别是笼养哺育蜂的3 000倍和30倍。这印证了蜂王浆主蛋白3和5作为营养物质提供者的重要功能。有意思的是，对于蜂王浆主蛋白3来说，它在正常哺育蜂中的转录水平比正常采集蜂高130倍。然而，对于蜂王浆主蛋白5，它在正常采集蜂中的转录水平却比正常哺育蜂高2倍。这种差异也说明了两种蛋白质还具有各自不同的作用。值得注意的是，蜂王浆主蛋白6在正常采集蜂中的转录水平比正常哺育蜂高出10倍。并且蜂王浆主蛋白 5 和 6 序列具有较高的相似性（74%），说明这两种蛋白质对采集蜂应该具有特殊的功能。

蜂王浆主蛋白 7 在蜂王浆中含量较少，蜂王浆主蛋白 7 在咽下腺中转录水平也较低，但它在蜜蜂大脑蘑菇体（蜜蜂嗅觉学习和记忆中心）中的转录水平很高。正常哺育蜂头部蜂王浆主蛋白 7 的转录水平比笼养哺育蜂高 600 倍，这说明蜂王浆主蛋白 7 与蜜蜂大脑功能密切相关。蜂王浆主蛋白 2 也在蜜蜂大脑蘑菇体中表达，其在哺育蜂头部的表达水平与蜂王浆主蛋白 3 接近，但这两种蛋白质在蜂王浆中的含量差别较大，分别为 16% 和 26%，说明蜂王浆主蛋白 2 和 3 在蜜蜂大脑中具有某些功能。

蜂王浆主蛋白 1 是蜂王浆中含量最高的蛋白质，并且蜂王浆主蛋白 1 基因在哺育蜂头部的转录水平也是最高的，说明蜂王浆主蛋白 1 的功能是多样的，而非仅仅提供营养物质。

不论是处女蜂王还是交配过的蜂王，蜂王浆主蛋白 1 ~ 8 的转录水平差异不大，但蜂王浆主蛋白 9 在处女蜂王中的转录水平却是显著高于交配过的蜂王。这也说明蜂王浆主蛋白 9 也具有某些其他未知功能，还需科学家们进一步研究。

（三）工蜂咽下腺分泌蜂王浆主蛋白 1 ~ 9

咽下腺是蜜蜂分泌蜂王浆主蛋白 1 ~ 9 的器官，位于工蜂头部两侧，成对出现，呈高度盘绕的葡萄状，属于外分泌腺（外分泌腺是有导管的腺体，分泌物通过导管输送；内分泌腺则无导管）。咽下腺形态如图 2-5、图 2-6 所示。

图 2-5　意大利蜜蜂工蜂咽下腺（12 日龄）在光学显微镜下的形态观察（冯毛　摄）

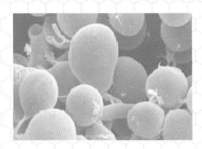

图 2-6　意大利蜜蜂工蜂咽下腺（12 日龄）在电子显微镜下的形态观察（冯毛　摄）

在蜂王和雄蜂中，咽下腺退化。咽下腺由两条腺体构成，每条腺体都包含数百个小体（腺泡）和一个总导管（小体与总导管之间由支导管相连接）。蜂王浆主蛋白即由咽下腺小体分泌，经过支导管汇入总导管，最后由总导管导出。咽下腺一端游离，另一端开口于蜜蜂口底部的口片侧角，王浆蛋白质从此端由总导管排出体外。咽下腺小体是合成、分泌王浆蛋白质的部位，由 4 种类型的细胞（壁细胞、酶原细胞、分泌细胞和神经细胞）构成，其中主要的细胞类型是分泌细胞。蜂王浆主蛋白基因即在分泌细胞内转录成相应的 RNA，再翻译成蛋白质，最后分泌到蜂王浆里。分泌细胞内含有细胞核，细胞质内含有线粒体、粗面内质网，以及王浆储存器等细胞器。王浆储存器是内质网环化和膨大后，随着物质的积累而增大，进而形成的分泌泡。一般认为，咽下腺越大，蜜蜂产浆能力越强，而咽下腺的大小与蜜蜂品种有很大关系。例如，有研究报道，意大利蜜蜂咽下腺长度为 12.31 毫米左右，中华蜜蜂为 9.07 毫米左右。并且意大利蜜蜂每条咽下腺包含小体数量为 533 个左右，中华蜜蜂为 331 个左右。这是意大利蜜蜂产浆能力较强的原因。此外，咽下腺小体的发育与工蜂日龄也有关系，刚羽化的工蜂咽下腺小体小，之后随着日龄的增加而增大，到 9 日龄发育成熟，达到高峰期，泌浆旺盛，18 日龄后开始退化。

细胞中的内质网有两种：粗面内质网和滑面内质网。两者的区别在于，粗面内质网上附着有核糖体，而滑面内质网上没有。核糖体是进行蛋白质翻译的场所。因此，粗面内质网发达意味着蛋白质合成能力强。对于意大利蜜蜂，1～8 日龄时，咽下腺小体分泌细胞中粗面内质网较少，呈泡状；9～18 日龄的工蜂咽下腺小体分泌细胞中粗面内质网和线粒体（为细胞提供能量的场所）均发达，王浆储存器饱满。特别是 9～15 日龄，分泌细胞活动最为旺盛，粗面内质网呈密集片层状；16 日龄之后粗面内质网开始退化，逐渐退化成球泡状，线粒体基质也开始减少。24 日龄后，王浆储存器收缩退化，成为不规则状。

值得注意的是，越冬期的工蜂咽下腺并未退化，但也不产浆。咽下腺产浆能力除了与蜜蜂品种和工蜂日龄有关外，还与蜂群内小幼虫数量、巢内花粉储存和温度关系密切。小幼虫能促使采集蜂咽下腺重新发育并分泌蜂王浆，并且在花粉充足的条件下，工蜂咽下腺活性强；巢温 30～35 ℃是咽下腺分泌蜂王浆的最适温度。

科学家利用蛋白质组学技术，已经深入阐述了蜜蜂咽下腺生物学功能变化的分子调控机制。郑州大学鲁小山等利用原种意大利蜜蜂和王浆高产蜜蜂（从原种意大利蜜蜂中选育而来）作为试验材料进行比较。与原种意大利蜜蜂相比，王浆高产蜜蜂咽下腺细胞分化快，发育迅速，咽下腺体积也较大。不仅如此，蜂王浆高产蜜蜂产浆量高，蜂王浆主蛋白丰度也高。通过蛋白质组学研究发现，咽下腺前期和中期参与碳水化合物代谢、能量生成、蛋白折叠、发育调节、蛋白质合成、抗氧化、细胞骨架和转运等的蛋白质高于发育后期，借此来完成此时的高分泌活动。由于大量能量代谢蛋白质和细胞骨架蛋白质高表达，从而保证咽下腺腺体细胞的形态；蛋白质生物合成和折叠蛋白的高表达是为了满足腺体发育和大量王浆主蛋白合成、分泌的需要。此外，由于王浆分泌量的增加，腺体通过抗氧化蛋白的高表达来消除代谢产生的活性氧等有害物质的危害，保证腺体细胞正常发挥生理功能。

三、蜂王浆主蛋白的翻译后修饰

蛋白质形成的物质基础是氨基酸，不同的蛋白质由不同数量和顺序的氨基酸组成。然而，生物体内许多具有活性的蛋白质并非仅仅只是这些氨基酸，还须在蛋白质氨基酸序列形成之后加上或减掉某些特定的化学基团，即蛋白质翻译后修饰。翻译后修饰赋予了蛋白质丰富的生物活性。蜂王浆中的蛋白质也发生了多种多样的翻译后修饰，使得蜂王浆具有独具一格的特点。目前已发现的蛋白质翻译后修饰类型有上百种，在蜂王浆蛋白质中，主要存在磷酸化、甲基化、脱酰胺化，以及糖基化修饰，这些修饰过程决定了蜂王浆蛋白质的性质和功能。认识和理解这些修饰，能够更好地读懂蜂王浆。

（一）蜂王浆主蛋白磷酸化修饰

磷酸化修饰是指在磷酸激酶的作用下，ATP的磷酸基团转移到底物蛋白质氨基酸残基上的过程（该反应是可逆的，即在磷酸酶的作用下，可实现磷酸化蛋白质的去磷酸化）。蛋白质的磷酸化修饰很普遍，在生物体中，磷酸化修饰与细胞信号转导、细胞增殖与分化、肌肉收缩、神经活动以及肿瘤发生等生理、病理过程关系密切。

蜂王浆主蛋白家族中仅1和2发生磷酸化修饰，具体发生磷酸化修饰的位点为：蜂王浆主蛋白1的第259位丝氨酸（S）、第262位苏氨酸（T）、第272位丝氨酸（S）和273位苏氨酸（T）；蜂王浆主蛋白2的第284位丝氨酸（S）、第323位丝氨酸（S）和第412位苏氨酸（T）。而在其他主蛋白质中未发现磷酸化修饰位点。

对于蜜蜂蜂群来说，蜂王浆主蛋白为快速生长的小幼虫和高效产卵的蜂王提供营养物质。蜂王浆主蛋白1和2发生磷酸化修饰，其作用类似于牛奶中酪蛋白的磷酸化，有利于维持稳定的钙磷比例，从而有助于幼虫和蜂王吸收营养物质。

（二）蜂王浆主蛋白甲基化与脱酰胺化修饰

甲基化修饰是在S-腺苷-L-甲硫氨酸甲基转移酶催化作用下完成的一种蛋白翻译后修饰。蛋白质甲基化修饰主要发生在天冬氨酸（D）、谷氨酸（E）羧基氧原子，或是精氨酸（R）胍基、赖氨酸（K）ε-氨基等氨基酸氮原子上。由于蛋白质甲基化会覆盖蛋白本身所带负电荷，引起蛋白质等电点从酸性向碱性漂移，并增强蛋白质疏水性，以及增加蛋白质发生 N- 糖基化的反应活性，因此，蛋白质甲基化修饰可影响蛋白质的相关生物学功能。

脱酰胺修饰是指发生在蛋白质中谷氨酰胺和天冬酰胺残基上的脱酰胺反应。脱酰胺反应的发生会使该位点带负电荷并使蛋白质发生 β 异构化，从而影响蛋白质的化学和生物学特性。脱酰胺反应也是生物体中常见的蛋白质修饰形式之一。

甲基化修饰在蜂王浆主蛋白中具有较高的发生率，因此是蜂王浆主蛋白的一种重要翻译后修饰，具有重要的生物学意义。蛋白质经过甲基化修饰之后，其理化性质会发生改变。例如，蛋白质的疏水性加强。所谓疏水性，是指某个分子与水相互排斥的物理性质，疏水性强的分子在水中聚集成团的能力强，具有较高的表面张力。因此，蜂王浆主蛋白发生较高程度的甲基化修饰可增强蜂王浆主蛋白的疏水性，从而使蜂王浆保持较高黏度，呈云朵状（如图 2-7 所示），而这正是高品质蜂王浆应具备的特点。

图 2-7 高黏度的蜂王浆呈云朵状（李建科 摄）

高黏度的蜂王浆有何重要作用呢？原来，在蜂巢中，工蜂和雄蜂幼虫发育时所在巢房的开口是水平的，而蜂王幼虫发育时所在王台的开口是向下的，蜂王幼虫浸泡在蜂王浆中（如图2-8所示），如果没有高黏度的蜂王浆，蜂王幼虫有可能滑落，就无法在开口向下的王台中正常发育。蜂王浆主蛋白发生高水平的甲基化修饰，增强蜂王浆黏度，有利于蜂王幼虫顺利发育，从而维持整个蜂群生态。此外，有研究表明，蛋白质发生甲基化修饰之后更容易发生糖基化修饰。蜂王浆主蛋白家族多个成员也都是糖蛋白，即发生了糖基化修饰。对于蜂王浆主蛋白糖基化修饰的生物学意义，后面再行叙述。蛋白质甲基化修饰可掩盖氨基酸羧基端的负电荷，使蛋白质的等电点从酸性向碱性变化。等电点是指作为兼性离子（既带正电荷又带负电荷）的氨基酸解离成为阳离子和阴离子的趋势和程度相同时的pH（酸碱度），此时氨基酸所带的正负电荷相等，呈电中性。由此可见，蛋白质的等电点与酸碱度有一定关系。因此，蜂王浆主蛋白甲基化修饰对维持蜂王浆的酸碱度亦具有重要的意义。

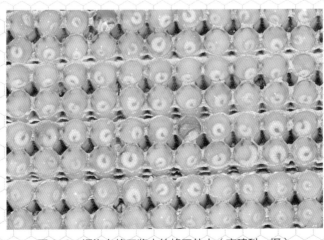

图2-8　浸泡在蜂王浆中的蜂王幼虫（李建科　摄）

与其他很多修饰方式不同，蛋白质脱酰胺修饰是一种在非酶条件下发生的翻译后修饰。研究发现，脱酰胺发生的程度受到蛋白质序列一级结构、温度、溶液离子强度等众多因素的影响。并且，脱酰胺反应发生的程度越高，蛋白质越容易降解。蜂王浆主蛋白家族中有不少成员均具有较高的脱酰胺发生率，说明蜂王浆中的蛋白质容易降解。蜂王浆主蛋白一旦发生降解，则造成蛋白结构变化，导致蜂王浆黏度和品质下降。这是蜂王浆对温度比较敏感、在较高温度下容易变质、不宜久放的分子基础。因此，蜂王浆若要长期保存，须置于低温条件下。有趣的是，蜂王和 3 日龄内小幼虫需要以蜂王浆作为食物，小幼虫在蜂巢中的最适发育温度为 34 ~ 35℃，而对于蜂王浆来说，这样的温度很容易造成蛋白质降解，导致营养损失。那蜜蜂是怎样解决这一问题的呢？原来，分泌蜂王浆的哺育蜂时刻都在观察蜂王的情况，如果蜂王有进食需求，哺育蜂马上对蜂王进行"嘴对嘴"饲喂，这样可以保证蜂王随时吃到新鲜蜂王浆。对于小幼虫，哺育蜂每隔一定时间（0.5 ~ 3 分）就向小幼虫巢房内分泌一次蜂王浆，使小幼虫亦能食用到新鲜的蜂王浆。新鲜的蜂王浆具有较高的黏度，使浸泡在其中的幼虫能够在开口向下或水平的巢房中生活。在蜂王浆主蛋白家族中，蜂王浆主蛋白 3 不易发生脱酰胺反应，相对较为稳定。

（三）蜂王浆主蛋白糖基化修饰

糖基化修饰是指在一系列酶的参与下，蛋白质中的氨基酸残基与多糖以糖苷键相连接，形成糖蛋白。根据糖苷键形成的部位，蛋白质糖基化可以分为 O 位糖基化、N 位糖基化、C 位甘露糖化和 GPI 锚定连接。蛋白质

O 位糖基化是指糖链分子与蛋白质氨基酸残基中的氧原子结合，形成糖蛋白。该结合通常发生在与脯氨酸相邻的丝氨酸或苏氨酸残基上。与氧原子相连接的糖链称为 O 糖链。蛋白质 N 位糖基化是糖链分子与蛋白质天冬酰胺残基的氮原子结合形成糖蛋白的过程，一般发生结合的天冬酰胺位于 X-Ser/Thr（X 是除脯氨酸之外的任何氨基酸）之前。O 位糖基化和 N 位糖基化是生物体内最为普遍的糖基化修饰方式。在生物体中，许多构成细胞结构的蛋白质（例如膜蛋白质）和具有活性功能的蛋白质（例如参与调节细胞增殖、机体生长发育和免疫功能的蛋白质）都是糖蛋白。

蜂王浆主蛋白 1、2、4、6、7 和 9 均为糖蛋白，糖链与蛋白质连接的位置均为天冬酰胺残基。其中蜂王浆主蛋白 1 可发生糖基化修饰的位点为第 28 位的天冬酰胺；蜂王浆主蛋白 2 可发生糖基化修饰的位点为第 145 和 178 位的天冬酰胺；蜂王浆主蛋白 4 可发生糖基化修饰的位点为第 31 和 242 位的天冬酰胺；蜂王浆主蛋白 6 可发生糖基化修饰的位点为第 78 和 164 位的天冬酰胺；蜂王浆主蛋白 7 可发生糖基化修饰的位点为第 145、178 和 321 位的天冬酰胺；蜂王浆主蛋白 9 可发生糖基化修饰的位点为第 177 位的天冬酰胺。有趣的是，发生糖基化的位点均位于 N-X-T（X 为任意氨基酸，T 为苏氨酸）或 N-X-S（X 为任意氨基酸，S 为丝氨酸）的基序中，表明蛋白质糖基化修饰是按照特定和严格的方式进行的。

在蜂王浆主蛋白九大成员中有 7 个是 N- 糖蛋白，说明蜂王浆主蛋白糖基化发生率较高，这对蜜蜂蜂群意义重大。蛋白质发生糖基化修饰后，许多理化性质都发生改变，很重要一点就是发生糖基化的蛋白质在溶液中的溶解度会显著提高。因此，蜂王浆主蛋白具有高糖基化发生率，可让蜂王浆主蛋白具有良好的溶解度，从而使蜂王浆中尽可能含有更高浓度的主蛋白质，以更好地为蜜蜂和人类利用。

糖基化赋予蜂王浆主蛋白特殊的生物学活性。有研究报道，蜂王浆主蛋白2发生糖基化修饰，使其具有抑制类芽孢杆菌幼虫发育的功能；蜂王浆主蛋白1能够刺激巨噬细胞产生肿瘤坏死因子，具有抑癌作用，还可刺激人体淋巴细胞增殖，提高机体免疫力，这与其发生糖基化修饰密切相关。因此，作为N-糖蛋白的一种，糖基化修饰可能是蜂王浆主蛋白1具有上述功效的主要原因。

2015年，冯毛等亦利用蛋白质组学技术对东方蜜蜂和西方蜜蜂蜂王浆蛋白质的N-糖基化进行了研究。结果显示，在西方蜜蜂蜂王浆中找到了80个N-糖基化蛋白，包含190个糖基化位点（其中有23个蛋白质和35个糖基化位点属首次报道）；而在东方蜜蜂蜂王浆中，共检测到43个糖基化蛋白质，包含138个糖基化位点，这是关于东方蜜蜂蜂王浆蛋白质糖基化的首次报道；通过对比发现，两种蜂王浆的糖基化蛋白质和位点有着一定的差异，与东方蜜蜂相比，西方蜜蜂蜂王浆与抗菌相关的糖基化位点较少，这解释了为何西方蜜蜂更易受幼虫芽孢杆菌的侵袭。这一研究成果深入探究了解了东、西方蜜蜂蜂王浆蛋白质修饰的差异，以及蛋白质糖基化对蜂王浆生物学功能的影响。

（四）蛋白质组学技术——研究蜂王浆蛋白质修饰的利器

科学家是如何精确发现蜂王浆蛋白质修饰方式的呢？这主要是因为利用了基于双向电泳和液质联用质谱的蛋白质组学技术。利用蛋白质组学技术，可以同时对样品中的多种蛋白质成分进行鉴定和分析，具有快速、高效、准确的优点。对某一样品进行蛋白质组学研究，首先要制备总蛋白质样品。蜂王浆总蛋白质样品的制备需要把蜂王浆加入含有尿素、硫脲等成分的裂解缓冲液中裂解，然后经过高速离心，使蛋白质与蜂王浆中的其他成分分离，再用丙酮沉淀以除去盐分。制备好的总蛋白质样品可以通过双向电泳方法将蛋白质分离开来。双向电泳也叫二维电泳，即对同一蛋白质样品进行两次电泳，一次根据蛋白质分子量不同进行电泳，另一次根据蛋白质等电点不同进行电泳。这样可以很大程度地将同一样品中的不同蛋白质分离。分离出的蛋白质需要经过很重要的一步——酶切。所谓酶切，就是在蛋白质样品中加入特殊的蛋白酶，蛋白酶可以在蛋白质的特定部位进行剪切（例如常用的胰蛋白酶，可在蛋白质中赖氨酸和精氨酸的羧基端进行剪切），从而把蛋白质剪切成为特定的肽段。这些肽段具有特定的性质，因此，通过液质联用质谱仪（图 2-9）可以将这些肽段的类型和数量检测出来。如果是经过修饰（例如磷酸化、甲基化、脱酰胺和糖基化）的肽段，还需要经过富集，这样能够大幅度提高检测效率。检测不同修饰的肽段需要用不同的富集方法，例如检测磷酸化可采用 TiO_2 法富集，检测糖基化肽段可采用酰肼法或凝集素法富集。利用蛋白质组学技术，不仅可以研究蜂王浆中蛋白质的修饰情况，亦可以发现新的蛋白质。近几年，科学家在蜂王浆中鉴定到了数十种新的蛋白质，就是通过蛋白质组学技术发现的。

图 2-9　赛默飞世尔公司生产的 Q Exactive™ 组合型四极杆 Orbitrap 质谱仪

四、10-HDA 的形成

蜂王浆中含有一种特殊的脂肪酸，即 10-HDA，为蜂王浆所独有的不饱和脂肪酸。10-HDA 由工蜂上颚腺分泌。

上颚腺成对出现，其形态为心形的囊状，如图 2-10 所示。

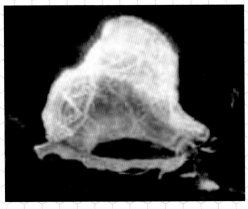

图 2-10　意大利蜜蜂工蜂上颚腺光学显微镜观察（韩胜明　摄）

上颚腺亦属于外分泌腺，其构成由外到内依次为外上表皮、内上表皮、纤维状原表皮和扁平的上皮细胞。腺体内分布着大量具有分泌功能、由腺管细胞和多核腺细胞组成的小囊体。上颚腺在工蜂羽化出房时发育已基本完成，其后不再随日龄而发生改变。工蜂从刚出房到 30 日龄的采集蜂，上颚腺腺体内的分泌导管附近有一种由膜包围、内含分泌物的小囊体，小囊体拉长向导管移动。这表明成蜂阶段上颚腺时刻保持一定的分泌功能。据此，人们认为，14 日龄是工蜂上颚腺分泌最旺盛的时期，分泌 10-HDA 的能力最强。与咽下腺细胞不同的是，上颚腺细胞内的粗面内质网数量较少。粗面内质网数量反映蛋白质的合成能力，咽下腺主要分泌蜂王浆主蛋白，因此细胞合成蛋白质的能力强；而下颚腺分泌 10-HDA，不分泌蛋白质，因此粗面内质网数量少。这种蜂王浆中不同物质由不同腺体分泌的专业化分工，对维持蜂王浆高产具有重要的意义。除了分泌 10-HDA，上颚腺还可分泌 10- 羟基癸酸（10-HDAA）和 2- 庚酮，后者为蜜蜂的信息激素。

10-HDA 作为一种不饱和脂肪酸，在上颚腺中是如何产生的呢？生物体内的化学反应大多由酶催化完成。脂肪酸合成酶是脂肪酸合成过程中的关键酶，它通过催化乙酰辅酶 A 和丙二酰辅酶 A 形成长链脂肪酸，乙酰辅酶 A 可由葡萄糖代谢产生。这是从葡萄糖形成脂肪酸的过程。目前，学者推测从脂肪酸再到 10-HDA 可能有两种途径。第一种途径是从癸酸或十碳以内的脂肪酸起始生成；第二种途径是从十碳以上的脂肪酸起始，在经过碳链缩短和羟基化之后生成。总之，在上颚腺中，10-HDA 是以葡萄糖为原料，经过一系列复杂酶促反应而形成。

综上所述，蜂王浆中的主要成分——蜂王浆主蛋白由蜜蜂工蜂咽下腺分泌，蜂王浆中的特色成分——10-HDA 由蜜蜂工蜂上颚腺分泌。然而蜂王浆中其他成分如糖类、矿物质和维生素等又是从哪里来的呢？一般认为，这些物质可能来源于蜂蜜、花粉以及蜜蜂活动的代谢产物。另外，有学者认为，蜂王浆中的糖类可能来源于工蜂哺育蜂的蜜囊。

基因扩增技术

如何检测某一物种体内存在某种基因呢？这可以通过聚合酶链反应（即经常听说的 PCR 技术）进行检测。假设某一生物体内存在某个基因，我们可以根据这个基因的序列设计特异性的引物，加入该生物体组织或细胞的基因组中，再加入一种特殊的酶（DNA 聚合酶），然后经过高温变性、低温退火和中温延伸三个过程的循环，每经过一次循环，高温 DNA 解链，低温 DNA 双链准备再合上的时候，引物插了进来，之后在中温条件下，DNA 聚合酶引发聚合反应，顺着引物把待测基因按 DNA 模板链互补合成，结果是待测基因增加 1 倍。经过 30 次循环之后，目标基因的数量就相当庞大了，把它放在加了特殊处理的凝胶上电泳，便可观察到代表目标基因的清晰条带，这就是检测到的基因。因此，利用 PCR 可以对任何已知序列的基因进行检测，这是分子生物学的基础技术。

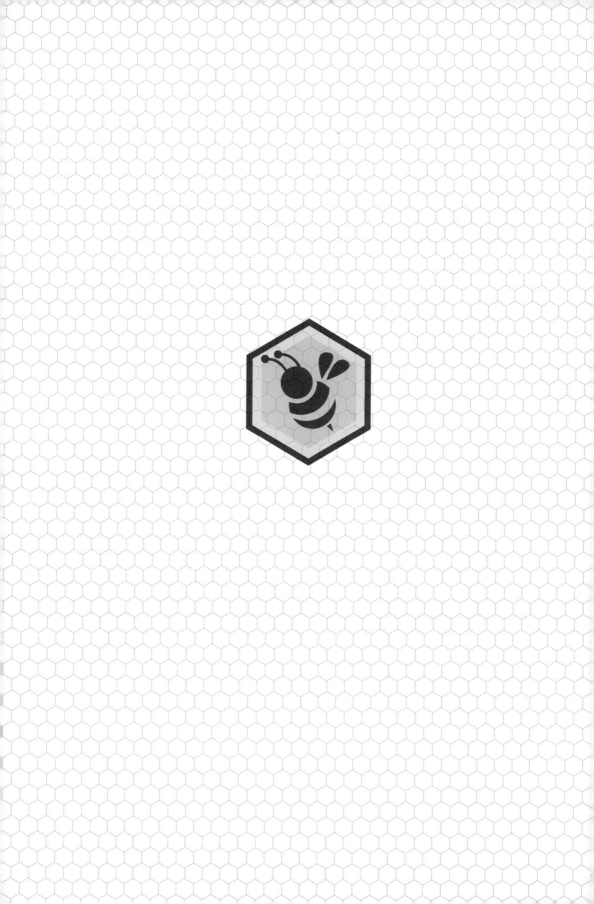

专题三

蜂王浆蛋白质的获取

蜂王浆中含量最高的成分是蛋白质，具有特殊的生物活性。通过分离或纯化的手段获得蜂王浆中的蛋白质，或者实现蜂王浆蛋白质在某一特定细胞、组织或器官中的表达，对蜂王浆的精准开发和利用有着重要的意义。

一、蜂王浆蛋白质的分离与纯化

（一）碱／盐提酸沉法

利用碱提酸沉法或盐提酸沉法可以将蛋白质从蜂王浆里提取出来。这类方法是指先用碱或盐溶解样品中的蛋白质，再将蛋白质用酸沉淀下来，达到分离、提取蛋白质的目的。在蓝瑞阳等的研究中，碱／盐提酸沉法大致步骤为：称取一定量的蜂王浆，用碱溶液（NaOH）／盐溶液（NaCl）浸提，离心分离（去沉淀），用 HCl 调提取液 pH 至等电点，离心分离（去上清液），得到含盐的蛋白质，透析洗涤中和，再次离心分离（去上清液），去盐蛋白，干燥。碱提酸沉法最佳工艺参数为：抽提 pH 为 10.0，料液比（克／毫升）1∶4，抽提温度 35℃，抽提时间 2 小时，沉淀时间 1 小时，沉淀温度 5℃。盐提酸沉法最佳工艺参数（蛋白质等电点为 4.0）为：抽提 pH 为 7.0，离子强度 0.65，料液比（克／毫升）1∶8，抽提温度 25℃，抽提时间 2 小时，沉淀时间 1 小时，沉淀温度 5℃。碱提酸沉法和盐提酸沉法蛋白质提取率分别为 75.17% 和 83.62%。

（二）离心法

通过离心，可以从蜂王浆中分离出蜂王浆主蛋白。所谓离心，是指利用离心力，将混合物中比重不同的物质分离开来的技术，它是生物学和化学实验室中最常用的分离手段之一。离心力的产生是通过离心机（如图3-1所示）来实现的。在离心机中，高速旋转的转子可产生强大的离心力，使其中比重不同的物质产生不同的沉降速度，从而将它们分离。于张颖等利用离心技术从新鲜蜂王浆中提取出蜂王浆主蛋白，提取率可达81.14%。具体步骤为：取适量蜂王浆，按一定料液比（2 ~ 10克/毫升）加入NaCl溶液（0.3 ~ 0.7摩尔/升）中，调pH（5 ~ 9），4℃搅拌（2 ~ 10小时），之后在4℃条件下以12 000转/分的转速离心30分，离心后的上清液即蜂王浆主蛋白溶液。他们发现，影响蜂王浆主蛋白提取率的因素从高到低依次为离子强度、pH、抽提时间、液料比，最佳提取条件为料液比1∶8，pH为8，抽提时间8小时，离子强度0.5摩尔/升。此外，副产物10-HDA和总糖回收率也分别达到2.91%和1.26%。另外，通过改进的离心法也可只提取蜂王浆主蛋白1，具体步骤为：新鲜蜂王浆与超纯水等质量混匀，抽提6小时，在4℃条件下以2.45×10^5克的离心力离心5小时，溶液分层后取中间层，加2倍质量的超纯水稀释，抽提1小时后在6℃条件下以3×10^4克的离心力离心30分，取上清液，再在4℃条件下以2.45×10^5克的离心力离心5小时，沉淀即蜂王浆主蛋白1。

图3-1 贝克曼库尔特Optima™ XPN 超速离心机

（三）层析法

层析法也广泛应用于蛋白质分离和纯化。层析又叫色谱，是利用混合物中不同组分在固定相和流动相（简言之，流动相是载体，将待分离组分带入固定相实现分离）中分布的差异，而将不同组分分离的方法。层析技术发展很快，种类也很多（图 3-2 为一种常见的柱层析系统）。刘娟等结合离子交换层析法和尺寸排阻层析法，对蜂王浆蛋白质进行了有效的分离，分别纯化出蜂王浆主蛋白 1 和 2。

图 3-2　上海沪西分析仪器厂有限公司生产的柱层析柜（范沛　摄）

离子交换层析是基于离子交换剂对待分离组分的离子亲和力不同（静电引力）而实现组分分离的层析技术。因此，其固定相是离子交换剂（是不溶性高分子化合物，具有酸性或碱性基团，带电荷，可与母体以共价键相连。这些基团可与水溶液中的阳离子或阴离子进行交换，该过程可逆），流动相是电解质溶液，具有一定的 pH 和离子强度。尺寸排阻层析也称凝胶层析，它是根据待测组分分子尺寸（体积大小）的差异而进行组分分离的方法。排阻层析的固定相多为凝胶（有机分子制成的立体、网状分子筛，表面惰性，内部含有大量不同内径的小孔）。体积大小不同的分子可分别渗到凝胶孔内的不同深度。组分中体积较大的分子可以渗透到凝胶的大孔内，但无法进入小孔，甚至完全无法进入，先从层析柱中流出；体积较小的分子，大孔小孔都可以渗进，因此耗时较长，最后流出层析柱。故体积大的分子在层析柱中停留时间短，被洗出时间也短。体积小的分子在层析柱中停留时间长，被洗出时间也长。根据洗脱时间不同，组分中的分子按体积大小实现分离。

在刘娟的研究中，离子交换层析采用 SOURCE 15Q 离子交换柱，流动相由 A 液和 B 液构成，分别为 pH 8.0、浓度为 50 毫摩尔 / 升的磷酸盐缓冲液和 pH 8.0、含有 1 摩尔 / 升 NaCl 的 50 毫摩尔 / 升磷酸盐缓冲液，过柱流速为 1 毫升 / 分；尺寸排阻层析采用 Superdex 75 凝胶柱，流动相为 pH 8.0、含有 0.15 摩尔 / 升 NaCl 的 50 毫摩尔 / 升磷酸盐缓冲液，流速为 0.5 毫升 / 分。蜂王浆中的水溶性蛋白经过离子交换层析和尺寸排阻层析，可成功分离出蜂王浆主蛋白 1 和 2。

（四）电泳法

国外学者使用双向凝胶电泳技术（图 3-3 为双向凝胶电泳系统），从蜂王浆中分离主蛋白，经过对凝胶上得到的斑点进行 N- 末端氨基酸测序，证实分离到了蜂王浆主蛋白 1 ~ 5 的单体蛋白。但这种方法能够获得的蛋白质量很少。

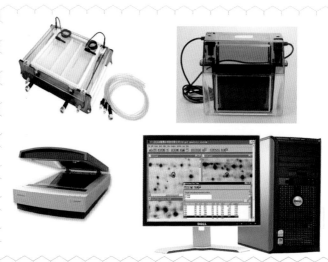

图 3-3　美国 BD 公司生产的 BD-2D100 双向凝胶电泳分析系统

　　除了蜂王浆主蛋白，科学家们还可以分离蜂王浆中其他特定的蛋白质。例如，闵丽娥等利用硫酸铵盐析法（盐析是指在溶液中加入无机盐，使某些大分子物质溶解度降低从而析出）、Sephedex G-150 凝胶柱层析法从蜂王浆中分离出了超氧化物歧化酶。该酶可以催化超氧阴离子自由基发生歧化，因此具有抗氧化和抗衰老功能。

二、体外表达蜂王浆蛋白质

　　由于蜂王浆主蛋白具有独特的生物学功能，因此人们尝试从体外表达这些蛋白质。浙江大学的学者成功利用大肠杆菌和家蚕生物反应器生产中华蜜蜂的蜂王浆主蛋白 1。能够在蜜蜂体外表达蜂王浆蛋白质，得益于基因工程技术的发展。

　　基因工程技术，也称 DNA 重组技术，是将外源基因进行体外重组后导入宿主细胞内，可实现外源基因在宿主细胞内的复制、转录和翻译等过程。外源基因的体外重组一般是指将该基因加到载体上的过程。载体通常是质粒，即环状的 DNA 分子，和基因的本质是一样的。载体上具备特殊作用的元件，例如启动子。有了启动子，外源基因才能够转录。此外，利用工具酶，可以实现环状质粒的切开，外源基因的插入和连接。

大肠杆菌和家蚕（图 3-4）是基因工程研究领域常用的宿主，它们分别属于原核生物（没有形成细胞核的一类单细胞或多细胞生物，细菌就是常见的原核生物）和真核生物（具有细胞核的单细胞和多细胞生物的总称，家蚕和蜜蜂等昆虫都属于真核生物）。因此，外源基因在大肠杆菌和家蚕中的表达被归类为原核表达和真核表达。

图 3-4　家蚕

科学家们在利用大肠杆菌和家蚕表达蜂王浆主蛋白 1 的时候，首先要获得蜂王浆主蛋白 1 基因，这可以通过聚合酶链反应将蜂王浆主蛋白 1 基因从蜜蜂基因组中扩增出来，随后将该基因与特殊的载体相连接，导入大肠杆菌或家蚕受精卵中，并且利用蛋白检测技术（Western blot 技术，又称免疫印迹技术）成功检测到蜂王浆主蛋白 1 在大肠杆菌或家蚕体内的表达。数据显示，在大肠杆菌中表达的蜂王浆主蛋白 1，可占到细胞总蛋白质的 17.7%，并且通过亲和柱分离获得了纯化的该蛋白质；而在家蚕中表达的蜂王浆主蛋白 1，占茧层中总可溶蛋白质的 10.8%，占茧层重的 0.78%。这些研究为通过生物工程方法生产蜂王浆主蛋白奠定了技术基础。利用相似的方法，科学家们也实现了蜂王浆主蛋白 3 在大肠杆菌中的成功表达。

不仅如此，为方便研究蜂王浆蛋白质的功能，人们还在体外培养的特殊类型的细胞中导入了蜂王浆主蛋白基因，使细胞自身能够表达蜂王浆主蛋白。例如，在中国农业科学院蜜蜂研究所，人们使用慢病毒载体（由艾滋病病毒改造而来的一种高效基因传递工具），将蜂王浆主蛋白 1 基因导入小鼠血管平滑肌细胞（图 3-5）中，并在基因组中整合，使小鼠血管平滑肌细胞稳定表达蜂王浆主蛋白 1。然后与不表达蜂王浆主蛋白 1 的对照组细胞进行比较，便可以确定蜂王浆主蛋白 1 对小鼠血管平滑肌细胞功能的影响，从而为揭示蜂王浆主蛋白 1 调节血管性疾病（例如高血压和动脉粥样硬化）的分子机制提供了新型、可靠的试验材料。

图 3-5　体外培养的小鼠血管平滑肌细胞（范沛　摄）

科学家们还将蜂王浆主蛋白 5 基因转入酵母菌中进行表达。他们构建了带有中华蜜蜂蜂王浆主蛋白 5 基因的重组穿梭载体（环状 DNA 分子），再将该载体线性化（开环的 DNA 分子），电转化到毕赤酵母中。筛选阳性高表达菌株，之后对高表达菌株进行甲醇诱导表达。电泳检测结果其分子量约为 100 千道尔顿，对其做去糖基化处理后分析显示，其分子量由 100 千道尔顿降至 69 千道尔顿，说明该表达产物属于糖基化蛋白。经亲和层析纯化后获得的纯化蛋白可促进家蚕细胞 Bm-17 生长，表明其可部分替代牛血清，应用前景广阔。

由于蜂王浆蛋白质是其相应基因的表达产物，因此，科学家通过对这些基因的操作可以实现蜂王浆蛋白质在不同细胞和物种中的表达，从而开辟了蜂王浆蛋白质生产的新途径，大大促进了这些蛋白质的开发和利用。

小知识

基因修饰技术

基因修饰技术是对生物体的基因进行修改的技术。一般来说，基因修饰有两个方向，如果使该生物体某一基因表达水平升高，或者将该生物体原本不具有的基因转入其中，称为转基因；另一个方向，将该生物体中原本具有的基因灭活或表达受限制，使其不表达或表达水平降低，称为基因敲除或沉默。利用基因修饰技术，可以直观地研究该基因的功能，它过多会有什么表达，过少或没有又有什么后果。因此，基因修饰技术让我们深入了解了众多基因的功能。目前在动物上常用的转基因技术包括显微注射技术、病毒载体技术和精子载体技术等。基因敲除技术包括锌指核酸酶技术、TALEN 技术和 Crispr/Csa 9 技术等，尤其是 Crispr/Csa 9 技术，大大提高了基因敲除效率，全世界出现了各种基因敲除动物，因此，它是目前最为热门的生物学研究手段之一。基因沉默一般可通过 RNA 干扰（RNAi）的方法，即不改变生物体的基因组，仅在 DNA 转录成为 mRNA 之后，在一定程度上抑制 mRNA 的功能。

专题四

蜂王浆里的明星小分子——10-HDA

10-HDA 是蜂王浆中特有的不饱和脂肪酸，具有独特的性质和功能。在全球范围内关于 10-HDA 的研究越来越系统、深入，成果也越来越多，是蜂王浆研究的热点之一，堪称蜂王浆中的"明星分子"。目前，人们不仅可以在蜂王浆中提取出 10-HDA，也可以通过化学方法合成 10-HDA，以及用生物工程的方法生产 10-HDA。因此，只有全面了解 10-HDA 这一特色分子，才能真正领略到蜂王浆的魅力。

一、10-HDA 的基本性质

10-HDA 是无色针状晶体,熔点 66 ~ 67 ℃,易溶于甲醇、乙醇、氯仿、乙醚等有机溶剂,微溶于丙酮,难溶于水。10-HDA 是蜂王浆中的特色分子,10-HDA 因此又被称为王浆酸。那么它与蜂王浆的酸度有何关系呢?陈盛禄等通过测定浙农大 1 号意蜂高王浆酸蜂种的 13 个蜂群生产的新鲜蜂王浆的 10-HDA 含量和酸度,采用生物统计方法分析,发现 10-HDA 含量与王浆酸酸度之间存在中等程度的正相关, 即在一定范围内 10-HDA 含量越高, 蜂王浆酸度越高。因此, 在大批量的样品测定中可以通过测定酸度的办法预测其 10-HDA 含量的大致高低。

蜂王浆中 10-HDA 含量为 1.4% ~ 2.0%, 但在不同品种的蜜蜂生产的蜂王浆中会存在一定差异。例如, 浙江龙游意蜂生产的蜂王浆, 10-HDA 含量为 1.59%, 而国蜂 1 号蜂种生产的蜂王浆, 10-HDA 含量可达 2.02%。同一蜂种在不同花期生产的蜂王浆, 10-HDA 含量变化不显著, 说明天然粉源充足的情况下, 蜂王浆中 10-HDA 含量不受影响。

储存条件对蜂王浆品质影响很大, 那么储存温度和时间对蜂王浆 10-HDA 含量有何影响呢?郭亚惠等将新鲜蜂王浆置于 -20℃、4℃、20℃条件下分别存放 1 天、5 天、10 天,采用高效液相色谱法测定蜂王浆中的 10-HDA 的含量。结果表明, 蜂王浆中的 10-HDA 含量没有发生显著变化。

这说明蜂王浆中的 10-HDA 成分相对比较稳定，在一定时间内温度的变化不会对其含量造成显著影响。

二、10-HDA 含量测定方法

（一）紫外分光光度法

分光光度法是根据待测物质对光吸收的特点，通过测定该物质在特定波长处或一定波长范围内的吸光度，对该物质进行定性和定量分析的方法。吸光度在一定范围内与待测物质浓度成正比。董彩霞等研究了测定蜂王浆中 10-HDA 含量的紫外分光光度法。基本方法是 10-HDA 溶于甲醇（10 微克 / 毫升），确定最大吸收波长为 210 纳米（属于紫外线波长范围内，因此称为紫外分光光度法）。然后将待测的新鲜蜂王浆溶于甲醇，再经过定容、过滤，取滤液，以甲醇为空白对照，进行吸光度的测定（吸光度的测定通常使用紫外分光光度计，如图 4-1 所示）。在一定范围内，吸光度越大，则 10-HDA 含量越高，从而可以简捷、快速地对蜂王浆中的 10-HDA 含量进行测定。以此方法对他们采集的蜂王浆样品进行检测，10-HDA 的含量在 1.4% ~ 2.0%，符合理论值。

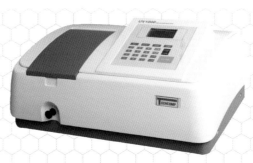

图 4-1　UV-1100 系列紫外可见分光光度计

（二）高效液相色谱法

高效液相色谱技术是色谱（层析）技术的一种，应用非常广泛。它以液体为流动相，采用高压输液系统，将具有不同极性的单一溶剂或不同比例的混合溶剂、缓冲液等流动相泵入装有固定相的色谱柱，在柱内实现各成分的分离，之后进入检测器进行检测，从而实现对样品的分析。高效液相色谱分析仪如图 4-2 所示。

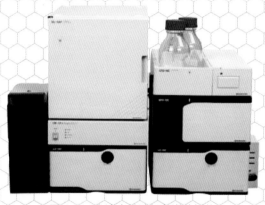

图 4-2　岛津高效液相色谱分析仪

高效液相色谱技术可以用于检测蜂王浆中 10-HDA 的含量。一般来说，利用此方法进行测定，须具备固定相、流动相，以及检测设备等关键条件。以张燹等在 1989 年的研究报道为例，采用 YWG-C18 国产色谱柱为固定相，以 35% 乙醇为流动相，设置柱温为 50℃，流动相流速为 1 毫升 / 分，根据待测样品 10-HDA 的光学特性（最大吸收波长）选择检测装置。在他们的研究中，10-HDA 最大吸收波长为 212 纳米，因此选择紫外检测器（例如岛津 SPD-1 型）。检测信号可通过一定方法转化为定量数据进行定量。

随着科技的进步和研究的不断深入，各种更新的高效液相色谱法应用于蜂王浆中 10-HDA 的测定。例如，高效液相色谱可以与蒸发光散射检测法结合测定蜂王浆中 10-HDA 的含量。蒸发光散射检测器（如图 4-3）可检测任何挥发性低于流动相的样品，不受样品光学特性的影响。其原理是使用惰性气体雾化脱洗液，流动相在加热管（漂移管）中蒸发，使样品颗粒散射后得到检测。张德东等使用 Nucleodur C_{18} 色谱柱，以甲醇 – 水（体积比为 55 ：45）为流动相，流速为 1.0 毫升 / 分，柱温 25℃；蒸发光散射检测器参数：漂移管温度 40℃，气压 3.5 千帕；采用外标法定量，即根据已知浓度的标准品制作标准曲线，以此计算待测样品的含量。他们利用该方法检测 6 种蜂王浆样品中的 10-HDA 的含量，结果均大于 1.4%。

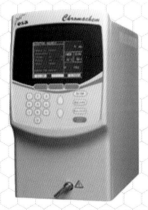

图 4-3　Chromachem 蒸发光散射检测器

反相高效液相色谱法也可用于测定蜂王浆中 10-HDA 的含量。所谓反相高效液相色谱法，是指由非极性固定相和极性流动相所组成的液相色谱体系，它与由极性固定相和弱极性流动相所组成的液相色谱体系（正相色谱）相反，由此得名。罗小凤等使用光电二极管阵列检测器分析 10-HDA 色谱峰的纯度。色谱柱为 Nucleodur C_{18} 柱，流动相为甲醇 –2% 磷酸溶液（体积比为 55 ：45），流速为 1.0 毫升 / 分，检测波长为 212 纳米（因此使用紫外检测器），柱温 25℃；龙洲雄等使用 Kromasil C_{18} 色谱柱，流动相为甲醇、水和磷酸（体积比为 55 ∶ 45 ∶ 0.2），流速 1.0 毫升 / 分，对羧基苯甲酸乙酯做内标，检测波长为 210 纳米。总体来说，反相高效液相色谱法检测蜂王浆中 10-HDA 含量，具有简单、快速、准确、重现性好等优点。

（三）气相色谱法

气相色谱是以气体为流动相的色谱分离和检测技术，也可用于蜂王浆中 10-HDA 的检测。例如，林国斌等研究报道，将蜂王浆样品进行硫酸 - 甲醇甲酯化处理，降低 10-HDA 汽化温度，以氮气为流动相，以 DB-WAX 柱为固定相。在气相色谱中，温度和气压很关键。在他们的研究中，相关参数设置为：进样口温度 280℃，柱温 230℃，柱前压 140 千帕，柱流量 2 毫升 / 分。利用此方法可检测出 0.8 微克 / 毫升浓度的 10-HDA。

（四）胶束电动毛细管色谱法

胶束电动毛细管色谱技术，是以胶束（通过在缓冲液中加入离子型表面活性剂如十二烷基硫酸钠而形成）为准固定相，待测物质在水相和胶束相之间发生分配并随电渗流在毛细管内迁移而实现待测物质分离的技术，是一种色谱技术与电泳技术相结合的分离、检测方法，其中胶束的制备尤为关键。孙保国等使用 25 毫摩尔 / 升的十二烷基磺酸钠和 50 毫摩尔 / 升的硼砂制备胶束，缓冲体系 pH 为 9.2，工作电压 25 千伏，进样时间 5 秒，检测波长 210 纳米，柱温 25℃，可达到较为理想的检测结果，与高效液相色谱法测定的结果基本一致。

（五）酶联免疫吸附法

酶联免疫吸附检测（ELISA）是利用特异性抗体与抗原（待测物质）结合，将酶连接到待测物质上。由于酶可催化底物显色，故根据底物显色情况可对待测物质进行定性或定量检测。若通过 ELISA 法检测蜂王浆中的 10-HDA，首先须制备 10-HDA 特异性抗体。该过程大致分为两个阶段：10-HDA 抗原的制备和抗血清的制备。制备 10-HDA 抗原，即对 10-HDA 进行处理，基本策略是，将 10-HDA 中的羧基通过酯化进行保护，另一端羟基与琥珀酸酐反应，借此与载体蛋白相连接；制备抗血清，即制备抗体。将上述抗原注射给兔，在兔体内产生抗体，采血后分离血清，其中含有 10-HDA 特异性抗体（一抗）。有了抗体，便可进行 ELISA 检测，即在蜂王浆样品中加入上述 10-HDA 特异性抗体进行抗原-抗体反应，再用酶标记的二抗与一抗反应，之后加入显色底物，显色程度可间接反映抗原（10-HDA）的多少，显色程度以 OD 值表示。在一定范围内，OD 值越大，表示显色程度越高（往往颜色越深）。潘荣生等以此方法检测蜂王浆样品中 10-HDA 的含量在预期范围内，基本接近高效液相色谱测定结果。由于此方法不需要大型仪器设备，因此是一种简便、快速的方法，值得推广。

三、10-HDA 的提取

（一）有机溶剂法

由于 10-HDA 易溶于有机溶剂，因此，目前常使用有机溶剂从蜂王浆中提取 10-HDA。耿靖玮等分别用乙醚、乙醇和乙酸乙酯三种有机溶剂作为萃取剂从蜂王浆中提取出了 10-HDA，其中乙醇法的提取效率最高，可达 33.893%。具体步骤为：取 5 克新鲜蜂王浆，加入 95% 乙醇（料液比为 1：6），混匀后置于 45℃振荡 1 小时，萃取 1 次，以 5 000 转 / 分的转速离心 10 分，取上清液（提取液），浓缩、干燥后可得 10-HDA 固体。王文风等使用二次有机溶剂提取，二次调 pH 的工艺，也达到了较理想的提取效果。其具体方法为：取 5 克蜂王浆，加入 50 毫升水溶解，以 6 摩尔 / 升 NaOH 调溶液 pH 为 10.0，加入 50 毫升乙醚后振荡 10 分提取杂质，在分液漏斗中静置 3 ~ 4 小时，上层乙醚用旋转蒸发仪回收，下层水液用盐酸调 pH 为 2.0 后，再次加入 50 毫升乙醚，混匀，静置过夜，用旋转蒸发仪回收乙醚，加入 5 ~ 10 毫升乙醇溶解，过滤除去不溶于乙醚的杂质，晾干后即得 10-HDA 粗提物。

（二）树脂吸附法

树脂吸附法也可应用于提取蜂王浆中的 10-HDA。张庆娜等以大孔树脂为材料进行蜂王浆 10-HDA 提取工艺的研究。大孔树脂是一种聚合物吸附剂，又称全多孔树脂，它是一类以吸附为特点，对有机物具有浓缩、分离作用的高分子聚合物。大孔树脂法提取 10-HDA 的基本步骤为：蜂王浆与 95% 乙醇以 1：3（质量 / 体积）的料液比混合后，振荡均匀，超声 15 分，以 3 000 转 / 分的转速离心 5 分，取上清液，4 倍稀释后再次振荡均匀，静置 1 小时后再次离心，取上清液，即得 10-HDA 提取液。将大孔树脂加入提取液中振荡吸附 5 小时，再以 90% 乙醇为解吸剂，振荡解吸 4 小时。蜂王浆醇提物经过 X-5 大孔树脂常温吸附，90% 乙醇洗脱，可以提取到纯度为 86% 的 10-HDA，是一种高效的提取方法。

四、10-HDA 的化学合成

由于 10-HDA 珍贵、难得，人们一直探索使用化学合成的方法生产 10-HDA，以增加其产量、降低成本。目前人们已经使用一些相对低廉、易得的化学原料，通过 Witting 试剂成烯法、臭氧氧化法、溴化消去成烯法、Knoevenagel 缩合法以及增长碳链法等合成 10-HDA。例如，以下几种化学原料均可用于生产 10-HDA。

（一）10- 羟基癸酸

10- 羟基癸酸可以从蓖麻油裂解得到，而蓖麻油是全球重要油料之一，我国又是蓖麻的主产区。因此，从蓖麻油中生产 10- 羟基癸酸价格低廉，再以 10- 羟基癸酸为原料生产 10-HDA 有不错的开发潜力。从 10- 羟基癸酸到 10-HDA 须经过酰化、溴化和脱溴化氢等反应，形成 C＝C 烯键，获得 10-HDA。

（二）1，8- 辛二醇

从 1，8- 辛二醇到 10-HDA 的方法有许多种，例如，使用四氢吡喃基和乙酰基做保护基团单边保护 1，8- 辛二醇，然后在 Tempo 催化作用下，用次氯酸钠氧化成醛，再与丙二酸发生 Knoevenagel 缩合反应得到 10-HDA；也可使用硅藻土负载碳酸银做氧化剂，生成 8- 羟基辛醛，再用乙酸酐对其乙酰化，再与丙二酸缩合，水解后得到 10-HDA。

（三）1，5-环辛二烯

1，5-环辛二烯经臭氧氧化开环和乙酰化反应，水解后得到8-氧代-4-辛烯酸，再经催化加氢缩醛反应、酯化反应、金属试剂还原水解以及烯化反应等一系列步骤，生成10-HDA。

五、生物工程法生产10-HDA

10-HDA是生物化学反应的代谢产物之一，因此有可能在自然界存在某种微生物，其代谢产物中包含10-HDA。山东轻工业学院王腾飞等经过数年努力，找到一株丝状真菌，之后在10-HDA作为唯一碳源的培养基上培养并进行优化，获得一株可以相对稳定生产10-HDA的菌株，命名为QYW522。这为通过发酵方法生产10-HDA奠定了重要的物质基础。王海燕等对该菌株进行了改良，他们采用紫外线和氯化锂复合诱变法，获得了使10-HDA性能大大提高的突变株，命名为Uv90s-29。将其置于50升发酵罐（图4-4）培养，可获得29.5342微克/毫升的10-HDA产量。

图4-4　上海高机生物工程有限公司50升不锈钢发酵罐

科学家们也在探索通过基因工程的方法生产 10-HDA。要想实现这个目标，首先要找到 10-HDA 的生物合成相关基因，再将这些基因转入相应工程细胞中实现表达。郝昭程等发现蜜蜂电子转移黄素蛋白 β 基因和 3-酮脂酰辅酶 A 硫解酶基因是 10-HDA 生物合成的相关基因。因此，他们将这些基因整合到毕赤酵母基因组中进行了表达，为 10-HDA 的生物合成途径的探索、了解其生物合成的本质和实现工业化生产奠定了重要的基础。相信不久的将来，人们可以通过基因工程技术高效、稳定生产 10-HDA。

朗伯－比尔定律

　　朗伯－比尔定律，是描述光吸收特点的基本定律之一，它适用于所有的电磁辐射和所有的吸光物质，因此在物理、化学和生物化学领域有着广泛的应用。它的数学公式为 $A = \lg(1/T) = Kbc$。其中 A 为吸光度；T 为透射比，是透射光强度比上入射光强度，对于某一特定物质来说，吸光度越大，透光度就越小，反之亦然；K 为摩尔吸收系数，它与吸收物质的性质及入射光的波长 λ 有关；c 为吸光物质的浓度；b 为吸收层厚度。简言之，在一定波长的入射光照射下，检测同一种物质装在同一个比色皿内，其吸光度仅与物质的浓度成正比，因此，可以通过测定待测物质的吸光度来确定其浓度。这就是分光光度计的工作原理。

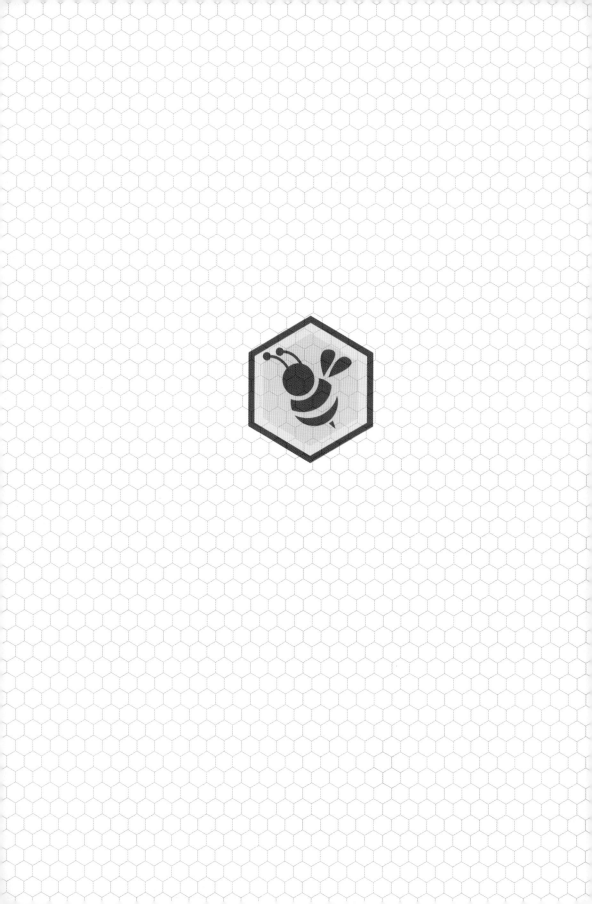

专题五

蜂王浆对蜂群生态的作用

　　蜜蜂蜂群具有高度的社会分工，甚至达到了专业化的程度，着实令人称奇，这其中必须要提到蜂王浆。对于蜜蜂蜂群而言，蜂王浆的功能不仅仅是作为食物提供营养，而且决定了蜜蜂的级型分化，即决定蜜蜂发育成为蜂王还是普通工蜂。众所周知，蜂王的体积是工蜂的 1.5 倍，寿命是工蜂的 20 倍，它们之间不存在基因上的差异，基本上完全是由蜂王浆决定的，这也反映出蜂王浆具有独特的生物学功能。

一、蜜蜂级型分化的决定因子

蜂王浆中的成分多而复杂，是否每种成分对级型分化都起决定作用呢？答案是否定的。镰仓昌树设计了一系列试验来寻找决定蜜蜂分化的关键因子。首先，用新鲜蜂王浆饲喂蜜蜂幼虫，幼虫的发育便具有形成蜂王的特征。然后，用在40℃条件下分别储存7天、14天、21天和30天的蜂王浆饲喂幼虫，幼虫的发育受到明显抑制，并且受抑制程度与储存天数成正相关。用在40℃条件下储存30天的蜂王浆饲喂的幼虫，基本发育成了工蜂。这说明蜂王浆在较高温度下储存，降解的成分可能包含了蜜蜂级型分化的决定因子，这足以排除维生素、糖类、包括10-HDA在内的脂肪酸等。通过高效液相色谱技术和聚丙烯酰胺凝胶电泳技术分析降解成分，发现一个名叫Royalactin的蛋白质（分子量57千道尔顿，是蜂王浆主蛋白1单体），其降解程度随时间变化而变化。镰仓昌树把40℃条件下储存30天的蜂王浆（已证实不会诱导级型分化）中重新加入Royalactin（含量为2%），再次饲喂幼虫，这时幼虫重新分化成为蜂王。此外，使用通过基因工程技术体外表达的重组Royalactin，也可达到同样的效果。因此，Royalactin就是诱导蜜蜂幼虫向蜂王分化的决定因子。

镰仓昌树以果蝇（图5-1）为实验材料，在其饲料中加入20%的蜂王浆进行饲喂，发现果蝇的体长、体重和产卵能力均增加，寿命延长，发育

时间缩短，与饲喂蜜蜂有相似的效果，说明 Royalactin 在不同物种间具有
生物活性。

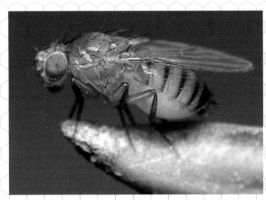

图 5-1　模式生物——果蝇（范沛　摄）

二、Royalactin 诱导蜜蜂级型分化的机理

（一）Royalactin 参与表皮生长因子受体信号通路

　　由于镰仓昌树前期研究发现 Royalactin 与表皮生长因子在大鼠肝细胞
中的功能类似，因此推断 Royalactin 可能在蜜蜂中发挥与表皮生长因子相
似的作用，参与表皮生长因子受体信号通路。为证实这一假设，他使用表
皮生长因子受体突变的果蝇为实验材料（蜜蜂基因突变体很少，而果蝇作
为模式动物，有较多的基因突变材料），观察 Royalactin 的作用效果。因
为表皮生长因子受体突变之后，不能与表皮生长因子结合，从而不能发挥
正常功能。当给表皮生长因子受体突变的果蝇饲喂蜂王浆或 Royalactin 之
后，果蝇的表型（例如体重、体长和发育时间）不受影响，证明 Royalactin
是与表皮生长因子受体结合，从而调控果蝇的生长性能。镰仓昌树进一步
的研究证实 Royalactin 在脂肪体中通过表皮生长因子受体激活 S6K 蛋白激

酶和丝裂原活化蛋白激酶（MAPK）通路，从而调控生长和形态发育过程。

镰仓昌树亦使用 RNAi 的技术沉默蜜蜂幼虫表皮生长因子受体基因表达，结果发现，表皮生长因子受体基因沉默之后，尽管饲喂以蜂王浆或 Royalactin，其体形和卵巢大小均降低，发育时间延长，证明 Royalactin 是通过激活表皮生长因子受体信号通路来调控蜜蜂级型分化的。

（二）Royalactin 影响激素代谢

Royalactin 同时也参与调控激素代谢。在镰仓昌树的研究中，饲喂蜂王浆的果蝇幼虫具有较高水平的 20- 羟基蜕皮素和保幼激素。此外，脂肪体中卵黄蛋白（卵黄蛋白的合成受保幼激素调控，它是合成卵黄以及产卵的必需物质）基因表达也呈升高趋势。Royalactin 在脂肪体中通过表皮生长因子受体激活 MAPK 通路，从而提高 20- 羟基蜕皮素合成水平，其结果是缩短发育时间；同时提高保幼激素合成水平，从而提高卵黄蛋白表达水平，增强产卵能力。

综上所述，镰仓昌树解决了一个人们普遍关心和好奇的科学问题——蜜蜂幼虫变身蜂王的原因和机制，这在蜜蜂学研究史上具有里程碑意义。他卓有成效的研究也再次彰显了蜂王浆独特的生物学功能，证明了蜂王浆对蜜蜂级型分化的重要性。正是有了蜂王，才使蜜蜂蜂群的分工达到高度专业化，每个成员各司其职，整个群体平衡、有序发展。这是维持地球农业生态平衡，能够使我们获取大量蜂产品的重要保证。

专题六

蜂王浆的保健功能

蜂王浆中含有独特的化学成分，具有特殊的生物活性，因此具有多种医疗保健功效，这已由大量科学实验证实。目前已经报道蜂王浆具有抗菌、抗肿瘤、抗衰老、降血压、降血脂、免疫调节、提高繁殖率和保护肝脏等作用。作为天然、绿色的动物产品，蜂王浆已经在人类社会中使用了很长时间。随着科技的发展，继续深入研究、开发和利用好蜂王浆，将会对人类健康产生巨大的促进作用。

一、抗菌

早在 1939 年，人们就发现蜂王浆具有抗菌功能，并且对革兰阳性菌和革兰阴性菌（革兰阳性/阴性菌是根据革兰染色结果不同而分类的，即可被染色的是阳性菌，不被染色的是阴性菌，这是因为两类细菌的细胞壁结构和成分不同，自然界的细菌基本都可以分为这两类）都有效果。后来，大量研究数据表明，蜂王浆中发挥抗菌活性的主要物质是 Royalisin、Jelleines（包括 Jelleine-Ⅰ、Jelleine-Ⅱ、Jelleine-Ⅲ 和 Jelleine-Ⅳ 四种抗菌肽）、10-HDA 和蜂王浆主蛋白 1。

Royalisin 对以下细菌具有抑制效果：枯草芽孢杆菌、脆弱类杆菌、普通拟杆菌、青春双歧杆菌、两歧双歧杆菌、短双歧杆菌、婴儿双歧杆菌、长双歧杆菌、产气荚膜梭菌、破伤风梭菌、化脓棒状杆菌、大肠埃希菌、佛里德兰德杆菌、嗜酸乳杆菌、保加利亚乳杆菌、乳酸乳杆菌、莱士曼乳酸杆菌、乳脂明串珠菌、藤黄微球菌、普通变形杆菌、铜绿假单胞菌、猪霍乱沙门菌、婴儿沙门菌、鼠伤寒沙门菌、黏质沙雷菌、中间葡萄球菌 B、木糖葡萄球菌、非解乳糖链球菌、嗜热链球菌和副溶血弧菌等。

近年来，斯洛伐克学者对 Royalisin 的抗菌功能进行了深入的研究。与其他昆虫防御素相比，Royalisin 的羧基段多了 11 个氨基酸。他们将这 11 个氨基酸从 Royalisin 中敲除并转入大肠杆菌中表达，这一重组多肽被命名为 Royalisin-D，同时使用二硫苏糖醇破坏 Roaylisin 和 Royalisin-D 的二硫键，再将这些样品用于抗菌试验。试验结果显示，Royalisin-D 的抗菌功能有了一定的降低，而破坏二硫键导致 Royalisin 和 Royalisin-D 的抗菌功能均显著下降，从而证明 Royalisin 羧基段 11 个氨基酸和二硫键与其抗菌功能有着密切的关系。

Jelleines 对以下细菌具有抑制效果：蜡样芽孢杆菌、枯草杆菌、枯草芽孢杆菌、苏云金芽孢杆菌、阴沟肠杆菌、大肠埃希菌、佛里德兰德杆菌、单核细胞增多性李斯特菌、奇异变形杆菌、绿脓假单胞菌、金黄色酿脓葡萄球菌和腐生葡萄球菌等。

10-HDA 对以下细菌具有抑制效果：灰色链霉菌、金黄色酿脓葡萄球菌、大肠杆菌、粪肠球菌、屎肠球菌、乳房链球菌、无乳链球菌、佛里德兰德杆菌、绿脓假单胞菌和枯草芽孢杆菌等。

由此可以看出，蜂王浆具有广谱抗菌性。蜂王浆良好的抗菌效果也是为抵御微生物入侵、维持蜂群健康而采取的一种进化策略。

近期，加拿大学者发现蜂蜜中的糖蛋白组分表现出高效的杀菌能力，将糖蛋白作用于枯草芽孢杆菌（革兰阳性菌）和大肠杆菌（革兰阴性菌），培养后菌株均发生明显的聚集效应，细菌的形态亦有明显的变化，例如细胞壁的溶解、原生质体的生成和进一步的细胞溶解。他们还发现，糖蛋白组分的杀菌功能受细胞生长阶段和糖蛋白浓度影响。对糖蛋白进行去糖基化处理后，其杀菌能力显著降低，说明糖基化赋予了这些蛋白抑菌功能。对糖蛋白进行分析后，显示其中关键的功能蛋白是蜂王浆主蛋白 1。

蜂王浆的抗菌活性与储存条件有一定的关系。有研究发现，经过 −18℃

冻存的蜂王浆，抗菌活性基本不变；然而在室温（25～27℃）和普通冷藏（2～4℃）条件下的蜂王浆，其抗菌活性会出现不同程度的降低。因此，蜂王浆一般都在低于−18℃的条件下冻存。此外，不同品种蜜蜂蜂群生产的蜂王浆抑菌活性可能有所差异。

二、抗肿瘤

蜂王浆能够阻止肿瘤细胞生长、抑制肿瘤细胞扩散。早在1960年，人们就发现接种肿瘤细胞混悬液的小鼠（图6-1）经过饲喂蜂王浆之后，小鼠体内的肿瘤细胞会被完全抑制，小鼠存活时间延长。其中有两种物质是蜂王浆发挥抗肿瘤作用的关键物质，即蜂王浆主蛋白1和10-HDA。利用基因工程的方法，科学家们在体外表达了蜂王浆主蛋白1，借此发现它（及其酶解片段）可以刺激巨噬细胞产生肿瘤坏死因子。顾名思义，肿瘤坏死因子是一种能够使多种肿瘤发生出血性坏死的物质。因此，蜂王浆主蛋白1具有灭活肿瘤的功能。此外，10-HDA也是一种具有抗肿瘤活性的化合物，它可以显著增强巨噬细胞的吞噬能力，亦可促进巨噬细胞产生肿瘤坏死因子，还可以刺激机体合成cAMP。cAMP即腺苷 –3'，5'－ 环化一磷酸，是细胞内的第二信使（激素是第一信使），它可使肿瘤细胞内受到破坏的蛋白质高级结构和氨基酸排列顺序恢复正常，因此具有抗肿瘤活性。此外，10-HDA还可以用于治疗急性辐射引起的损伤，也可用于肿瘤放疗后辅助清除机体的肿瘤细胞。

蜂王浆进行冻干处理后，即蜂王浆冻干粉，其中蜂王浆主蛋白1和

图 6-1 肿瘤学研究中常用的 C$_{57}$ 小鼠（范沛 摄）

10-HDA 基本不受破坏，因此也具有抗肿瘤活性。例如，张敬等将蜂王浆冻干粉分别给予（经口给药）接种了肉瘤 180（S180）和艾氏癌腹水型（EAC）的小鼠，发现蜂王浆冻干粉对两种肿瘤均有抑制作用。服用蜂王浆冻干粉后，小鼠瘤重明显下降，小鼠生存时间显著延长。陈立军等也有类似的发现，在他们的研究中，蜂王浆冻干粉既可以降低体外培养 B16-BL6 黑色素瘤细胞的增殖能力，又对小鼠 B16-BL6 实体瘤有抑制作用，其抑瘤机制与促进肿瘤组织坏死和细胞凋亡有关。这说明蜂王浆及其加工产品具有显著的抗肿瘤功效。

三、抗衰老

一般认为衰老过程是机体细胞代谢产生的大量自由基（含有一个不成对电子的原子团，因此化学性质活泼）引起的。过多的自由基能够损害细胞膜、DNA 和蛋白质，导致细胞衰老和死亡。蜂王浆具有清除自由基的作用，因此具有抗衰老功能。在蜜蜂蜂群中，蜂王终生食用蜂王浆，而工蜂则仅在幼虫期头 3 天服用蜂王浆，然后以花粉和蜂蜜为食物，两者基因型并无差异，但蜂王的寿命比工蜂的寿命却延长了 20 倍以上，这是蜂王浆具有抗衰老作用的直接证明。目前人们发现蜂王浆中具有清除自由基能力的物质为超氧化物歧化酶、酚类、维生素和矿物质。

超氧化物歧化酶（俗称 SOD）在细胞中催化超氧阴离子自由基生成过氧化氢（双氧水）。超氧阴离子对生物体的毒害作用很大，例如，它可以使细胞的膜相系统发生脂质过氧化（即不饱和脂肪酸变质），从而对细胞造成损伤；它还可以诱发基因突变，对 DNA 造成损伤；此外，很重要的是，它是生成其他自由基（例如羟自由基）的前体，可谓是生物体内自由基毒害的"罪魁祸首"。幸运的是，超氧化物歧化酶可以清除超氧阴离子自由基，其催化产物过氧化氢在过氧化氢酶和过氧化物酶的作用下迅速被分解为水，完成对机体的氧化保护作用。因此，蜂王浆中的超氧化物歧化酶是蜂王浆中具有抗氧化、抗衰老作用的主要成分之一。

酚类物质也具有清除自由基和抗氧化的作用。蜂王浆中含有的酚类包括单酚类和多酚类，其中单酚类主要是 2，6- 二叔丁基苯酚和 3，5- 二叔丁基苯酚。2，6- 二叔丁基苯酚具有很强的吸电子能力，是一种通用型酚类抗氧化剂，在食品、化妆品的行业有着广泛的应用。3，5- 二叔丁基苯酚也具有吸电子、抗氧化的能力。蜂王浆中的多酚类主要是黄酮和类黄酮。类黄酮可能来源于植物，具有清除自由基、抗癌以及保护心血管等多种功效。

维生素，尤其是 B 族维生素，具有较强的吸收电子、清除自由基能力。蜂王浆中的维生素恰恰以 B 族维生素为主。此外，蜂王浆中还含有少量维生素 C，这也是一种很好的抗氧化剂。因此，这些维生素也是蜂王浆抗衰老的重要成分之一。

矿物质可以降低细胞中的活性氧簇（广义的自由基），从而发挥抗氧化作用。细胞通过矿物质吸收与代谢来清除自由基也是机体抗衰老的一种策略。蜂王浆中含有丰富的矿物质和微量元素，这也是其发挥抗衰老的功能的重要物质基础。

蜂王浆抗衰老功能经过了动物试验验证。杨文超等建立了小鼠衰老动物模型，他们使用450毫克/毫升浓度的 D- 半乳糖以 0.3 毫克/克体重的剂量对小鼠进行颈背部皮下注射，连续注射4周，取小鼠的血清测定超氧化物歧化酶和丙二醛（丙二醛是自由基作用于脂类后，引发脂类过氧化反应的产物，可反映自由基对机体的破坏程度）。模型组小鼠与正常组小鼠相比，血清中的超氧化物歧化酶含量显著降低，丙二醛显著升高，体重显著降低，说明小鼠具有衰老症状。之后饲喂小鼠蜂王浆，发现蜂王浆能显著升高衰老小鼠血清和组织中超氧化物歧化酶和谷胱甘肽过氧化物酶（在细胞中将过氧化物还原，保护细胞免受过氧化物损害）活性，降低丙二醛水平，增加衰老小鼠的体重和脾重，降低肝重，增加小鼠的抗应激能力。这证明了蜂王浆能够有效抑制衰老。

四、降血压

1998 年，人们发现蜂王浆具有扩张血管和降血压的作用，但具体功效成分和作用机理不确定。后来有研究发现蜂王浆经过胃蛋白酶、胰岛素和胰凝乳蛋白酶水解之后的某些片段可以抑制血管紧张素转换酶的活性。血管紧张素转换酶是一种细胞膜结合的糖蛋白，可将没有活性的血管紧张素 I 转化为有活性的血管紧张素 II，后者可通过诱导血管平滑肌细胞收缩而引起血压升高。动物试验已表明，自发性高血压大鼠服用蜂王浆酶解片段后血压显著降低，从而证实蜂王浆主蛋白是蜂王浆中产生降血压作用的关键成分。除了蛋白质外，蜂王浆中的矿物质元素以及部分维生素，均报道具有降低血压的能力。

武鹏飞等将蜂王浆以及从蜂王浆中提取出的蜂王浆主蛋白 1 和 2，分别灌喂高血压大鼠（图 6-2），以观察它们的降血压效果。首先他们通过腹腔注射左旋硝基精氨酸 [剂量为 15 毫克 /（千克体重·天）]，连续注射 4 周，建立高血压大鼠高血压模型。之后用蜂王浆灌喂大鼠 2 周，他们发现，灌喂剂量为 1.0 克 / 千克体重时，高血压大鼠血压可降至正常水平，其他相关指标，包括血液中血管紧张素 II 和内皮素 −1 水平，均恢复正常。此外，以同样的方法分别用蜂王浆主蛋白 1 和主蛋白 2 灌喂高血压大鼠后，大鼠血压均降低，并且蜂王浆主蛋白 1 的降血压效果要大于蜂王浆主蛋白 2。这说明蜂王浆主蛋白 1 是蜂王浆中降血压的关键物质。

图 6-2　心血管疾病研究中常用的大鼠（范沛　摄）

我们还利用病毒载体技术，将蜂王浆主蛋白1基因直接转入体外培养的小鼠血管平滑肌细胞中，发现细胞的收缩能力、增殖能力和迁移能力会受到抑制，由此证实，蜂王浆主蛋白1可以通过抑制血管平滑肌细胞功能而发挥降血压功效，并且未来可能通过基因治疗的途径控制高血压。基因治疗就是把具有一定生物学功能的外源基因转入病变细胞中，从而纠正细胞相关功能，起到治疗疾病的目的。可以想象，未来以天然蜂王浆活性成分结合现代基因工程方法治疗高血压，将为高血压治疗开辟新领域。

五、降血脂

高血脂是指血液中脂肪水平过高，这可导致动脉粥样硬化和冠心病等严重疾病，与肥胖也有一定关系。判断是否为高血脂，可以通过血浆总胆固醇（TC）、甘油三酯（TG）、低密度脂蛋白胆固醇（LDL-C）和高密度脂蛋白胆固醇（HDL-C）等指标反映。有学者研究发现，蜂王浆具有降血脂的功能。

吴安杏等以大鼠血清血浆总胆固醇、甘油三酯、高密度脂蛋白胆固醇和动脉粥样硬化指数，以及体重、肝体比和脾体比作为评价指标，利用高脂血症动物模型评价了蜂王浆和蜂王浆主蛋白的降血脂效果。他们通过给予大鼠饲喂高脂饲料（包括大鼠基础饲料78.8%、猪油10%、蛋黄粉10%、胆固醇1%、胆盐0.2%）建立高脂血症动物模型。在饲喂4周后，大鼠血清中血浆总胆固醇和甘油三酯水平显著升高，而高密度脂蛋白胆固醇水平显著降低，表现出高血脂症状。当给大鼠饲喂上述高脂饲料的同时再灌喂蜂王浆，结果发现，与单纯饲喂高脂饲料的大鼠相比，血清总胆固醇和甘油三酯水平显著下降，高密度脂蛋白胆固醇水平显著上升，说明蜂王浆可以减轻高血脂症状。此外，灌喂蜂王浆的大鼠，其动脉粥样硬化指数上升的趋势，以及体重、肝脏和脾脏重量增加的趋势也都受到抑制。因此蜂王浆具有降低动脉粥样硬化等心脑血管疾病风险的潜在功效，并可能防止高脂饮食引起的肥胖及脂肪肝等疾病。通过设置不同蜂王浆剂量组观察效果，他们发现 1 克 / 千克体重的灌喂效果最好。

有趣的是，他们用蜂王浆中提取的蛋白和脂类分别代替蜂王浆进行上述试验，结果发现，蜂王浆蛋白也能显著降低高脂血症大鼠血清中甘油三酯水平，提高血清高密度脂蛋白胆固醇水平，抑制动脉粥样硬化指数上升，减少体重、肝脏和脾脏重量的增加。并且一定剂量蜂王浆蛋白能达到与蜂王浆近似的效果，而蜂王浆脂类则无此效果。由此推断，蜂王浆降血脂的关键成分应该是蛋白质。具体是哪一种蛋白质在发挥主要作用，其作用机理又是怎样的，还有待深入研究。

六、免疫调节

蜂王浆能够提高机体免疫力，具有免疫调节功能。周爱萍等设计了一系列试验，阐述了蜂王浆对小鼠免疫功能的影响。他们用蜂王浆灌喂小鼠后，发现蜂王浆可增加小鼠足跖厚度，提高绵羊红细胞诱导的小鼠迟发性变态反应能力，表明蜂王浆具有增强细胞免疫功能的作用；蜂王浆可使小鼠碳廓清吞噬指数明显增大，增强腹腔巨噬细胞吞噬鸡红细胞能力，说明蜂王浆具有增强巨噬细胞吞噬功能的作用；蜂王浆还可使小鼠抗体生成细胞增多，并且能增强小鼠血清溶血素反应，显示了蜂王浆具有提高体液免疫功能的作用。

国外学者使用 2，4，6 – 三硝基苯磺酸诱导小鼠产生结肠炎症状，并给患病小鼠饲喂蜂王浆。他们发现蜂王浆能有效抑制促炎因子白细胞介素 –1β 和肿瘤坏死因子 α 的生成，同时提高抗炎因子白细胞介素 –10 的表达；饲喂蜂王浆的小鼠，溃疡损伤、体重下降指标均好于没有饲喂蜂王浆的小鼠。

蜂王浆中调节免疫功能的物质可能是 10-HDA、游离氨基酸、Apisimin，以及蜂王浆主蛋白 1 和主蛋白 3。10-HDA 和游离氨基酸中的牛磺酸均可促进 T 淋巴细胞增殖，它们也可分别增强白细胞介素 –2 和白细胞介素 –1 的释放。游离氨基酸中的精氨酸可防止胸腺退化、提高淋巴细胞和巨噬细胞活性。Apisimin 能够刺激血液单核细胞释放肿瘤坏死因子 α，并随浓度增加而作用增强。Apisimin 还可以与蜂王浆主蛋白 1 形成聚合物，刺激淋巴细胞增殖。而蜂王浆主蛋白 3 则抑制白细胞介素 –4 的产生，还可通过抑制 T 细胞增殖而抑制白细胞介素 –2 和肿瘤坏死因子 γ 的产生，从而具有防过敏作用。这些可能是蜂王浆具有免疫调节功能的物质基础，其具体功能和作用机理仍须进一步研究。

七、提高繁殖性能

蜂王在蜂群中的主要角色是负责产卵。蜂王浆作为蜂王的食物，要为蜂王产卵提供充足、必要的营养物质。众所周知，蜂王的繁殖能力特别强，产卵旺盛的时候一昼夜可生产 1 500 粒以上。由此可见，蜂王浆对维持蜂王高繁殖能力非常重要。此外，蜂王浆对其他物种的繁殖能力也有促进作用。有研究报道，用蜂王浆饲喂的果蝇，产卵量可提高 1 倍；蜂王浆能够促进雌性小鼠子宫和卵巢发育，增强雄性大鼠的交配功能；在羊生产中，蜂王浆能够提高母羊的发情率和怀孕率，促使发情和排卵时间提前，提高母羊产仔数和胎次。在家禽生产中，将蜂王浆添加到鸡、鸭饲料中，能显著提高产蛋率和平均蛋重。

许宝华等以日本大耳兔（图 6-3）为试验动物系统研究了蜂王浆对哺乳动物生长和繁殖性能的影响。他们分别给雄兔和雌兔灌喂蜂王浆，之后对相关指标进行了测定。结果发现，雄兔灌喂蜂王浆之后，体重、睾丸、下丘脑和脾脏脏器系数（脏器系数是指脏器重/体重比值）升高，精子密度提高，睾丸曲细精管生精上皮细胞数量增多。没有灌喂蜂王浆的雄兔，睾丸曲细精管生精上皮较薄，生精上皮细胞排列疏松，中央管腔大，管腔内大多为初级精母细胞和次级精母细胞；而灌喂蜂王浆的雄兔，睾丸曲细精管管腔相对缩小，被精子细胞及精子所充实，细胞层数增多，精原细胞附于基膜，初级精母细胞、精子细胞和精子依次紧密排列延伸至管腔内，核染色明显，管腔中可见大量的精子。这说明蜂王浆能促进雄兔下丘脑、睾丸和脾脏发育，显著提高精子密度和精子活力。此外，雄兔灌喂蜂王浆之后，血清中黄体生成素、促卵泡素和睾酮等性激素水平也会升高。对于初情期前的雌兔，灌喂蜂王浆可以促进其换毛，提高血清中雌二醇水平，抑制下丘脑促性腺激素释放激素，降低卵巢促黄体生成素受体、卵泡刺激素受体、雌激素受体 β，以及子宫雌激素受体 α 的 mRNA 表达水平。对于成年雌兔，先使用氯前列腺烯醇钠诱导健康经产母兔同期发情，再灌喂蜂王浆。结果显示蜂王浆能缩短母兔发情周期，促进母兔卵泡发育和排卵，提高初生窝重、初生个体重、泌乳力、断奶个体重和断奶窝重。

图6-3 日本大耳兔（范沛 摄）

最近国外有学者发现，蜂王浆对糖尿病导致的睾丸损伤具有显著的改善作用。由此可见，蜂王浆对从昆虫到哺乳动物均具有提高其繁殖能力的作用，这将对提高畜禽生产、濒危野生动物保护，以及解决人类不孕不育等问题都有积极的促进意义。

八、保护肝脏

蜂王浆具有保护肝脏损伤的功能。王金胜等以小鼠为试验动物，解析了蜂王浆保护肝损伤的功能和相关机制。

他们首先建立了四氯化碳诱导肝损伤的小鼠模型。四氯化碳在酶的作用下可以在肝细胞内转变成三氯甲基基团，这是自由基的一种，在有氧的情况下可以转变为三氯甲基过氧化自由基，具有很高的活性，从而引发脂质过氧化反应，损伤肝细胞膜，造成细胞内的转氨酶、细胞因子和氧自由基释放到细胞外。同时还通过激活 Kupffer 细胞和中性粒细胞抑制 DNA 合成与代谢，从而引起肝损伤。四氯化碳诱导小鼠肝损伤造模的方法是：腹腔注射 0.1% 四氯化碳 / 玉米油（玉米油往往用于不溶于水而溶于有机溶剂的药物溶解），单次注射剂量为 10 毫升 / 千克体重，每 4 天注射 1 次。模型组小鼠血清中谷丙转氨酶和谷草转氨酶的含量和肝脏指数均显著升高，出现明显肝损伤的症状。

肝损伤小鼠在灌喂蜂王浆之后，其肝脏指数降低，胸腺指数和脾脏指数升高，血清中谷丙转氨酶、谷草转氨酶、甘油三酯、碱性磷酸酶和总胆红素含量等反映肝脏功能损伤的指标均下降，说明蜂王浆对四氯化碳引起的肝损伤有很好的保护作用。

当肝脏损伤后，小鼠体内的抗氧化酶，例如过氧化氢酶、超氧化物歧化酶和谷胱甘肽过氧化物酶，均显著下降，而丙二醛显著升高；当肝损伤小鼠被灌喂蜂王浆以后，抗氧化酶水平显著升高，丙二醛水平显著降低，说明蜂王浆保护肝损伤的机制之一是抗氧化。另外，肝损伤的小鼠灌喂蜂王浆后，血清中白细胞介素 -1β 和肿瘤坏死因子 α 水平显著降低，提示蜂王浆可能通过免疫调节作用保护肝损伤。

国外学者也有类似的发现，土耳其学者使用肝损伤小鼠，检验了多种蜂产品的抗氧化和保肝作用，结果显示蜂王浆具有良好的抗氧化功能和保肝作用。

九、抗疲劳

早在 2001 年，日本学者以小鼠为试验动物，发现蜂王浆具有抗疲劳作用。他们先让小鼠被迫游泳 15 分，休息一段时间后，测定它们疲劳之前能游泳的最长时间，以此反映小鼠的抗疲劳程度。当小鼠被饲喂不同食物（蜂王浆、酪蛋白、玉米淀粉和大豆油）时，发现饲喂蜂王浆的小鼠具有比饲喂其他食物的小鼠具有更持久的耐力。但当蜂王浆在 40℃条件下储存 7 天后，再饲喂小鼠，小鼠就不具备上述抗疲劳功能。与新鲜蜂王浆相比，储存后的蜂王浆中的维生素、10-HDA 以及其他脂肪酸含量无显著变化，而蜂王浆主蛋白 1 含量显著下降。因此，人们认为蜂王浆中具有抗疲劳作用的关键物质是蜂王浆主蛋白 1。

十、促伤口愈合

当在体外培养的人表皮角质细胞中加入蜂王浆后，细胞中肿瘤坏死因子 α、β，白细胞介素 -1β 和基质金属蛋白酶 -9 的表达水平均有所上升，这些分子在伤口愈合的过程中均发挥重要作用。这说明蜂王浆可以激活人表皮角质细胞，加速伤口愈合。

十一、促细胞生长

蜂王浆能够促进某些细胞增殖，研究发现其中的关键成分是蜂王浆主蛋白（尤其是蜂王浆主蛋白 1）。通过在体外进行的细胞培养试验，人们发现，在细胞培养基中加入蜂王浆主蛋白之后，可以促进人骨髓细胞、肝细胞以及一些昆虫和鱼类细胞的生长。日本学者比较了蜂王浆主蛋白 1、主蛋白 2 和主蛋白 3 的促细胞增殖能力，发现只有蜂王浆主蛋白 1 低聚物才具有促细胞增殖的能力，进而对蜂王浆主蛋白 1 低聚物进行热处理（56℃、65℃和96℃）后再进行细胞试验，结果显示，对于不同的细胞系，热处理后的蜂王浆主蛋白 1 增殖效果并不一致，除了 96℃处理的蜂王浆主蛋白 1 促白细胞增殖能力显著下降以外，其他几种热处理均保持较高的促白细胞增殖能力；而对 IEC-6 细胞系（肠上皮细胞），热处理后的蜂王浆主蛋白 1 促细胞增殖能力均显著降低。这说明蜂王浆主蛋白 1 低聚物促生长功能受温度调控，并且具有细胞选择性。

细胞增殖和细胞凋亡是机体内两个作用相反的过程，这两个过程相互平衡，使机体处于健康状态，一旦平衡被打破，机体将出现疾病。埃及学者发现，人工合成色素柠檬黄具有一定的神经毒性，使用柠檬黄饲喂小鼠 30 天后，小鼠脑部的多种神经递质含量显著下降，大脑皮层能观察到大量凋亡细胞，但是如果小鼠服用蜂王浆，便能有效抵御柠檬黄色素这一神经毒性的伤害，对大脑神经具有良好的保护效果。

十二、促皮肤保水

皮肤保水能力是反映肤质好坏的重要指标。韩国学者研究了蜂王浆对外表皮保水作用的影响，他们以小鼠为试验动物，制备衰老症状的小鼠模型，16 周后发现饲喂蜂王浆的小鼠表皮含水量显著高于没有饲喂蜂王浆的小鼠，并且小鼠在饲喂蜂王浆后，体内多个与神经酰胺合成相关的酶表达量均有升高。这说明蜂王浆具有通过促进皮肤保水而改善肤质的功效，为蜂王浆护肤品的开发提供了理论依据。

医学研究中的实验动物

蜂王浆具有诸多促进人类健康的神奇功效，其中很多都是通过动物试验得出的结果，可见试验动物在医学研究方面发挥着不可替代的重要作用。试验动物并不是普通的动物，也就是说，不是随便抓到一只动物就能做试验。要想成为试验动物，必须是人工饲养，遗传背景明确，有严格微生物控制，以科研、教学、生产和鉴定为使用目的。试验动物根据遗传背景，可以分为近交系、封闭群和远交系；根据携带微生物程度可分为普通级、清洁级、SPF级和无菌级，不同级别的试验动物需生活在不同环境中。常用的试验动物有小鼠、大鼠、豚鼠和兔等啮齿类试验动物，以及小型猪、犬和猴等非啮齿类大型试验动物。试验动物和试剂、仪器、文献信息一起并称为生物医学研究的四大要素，足见其在科研方面的重要性。

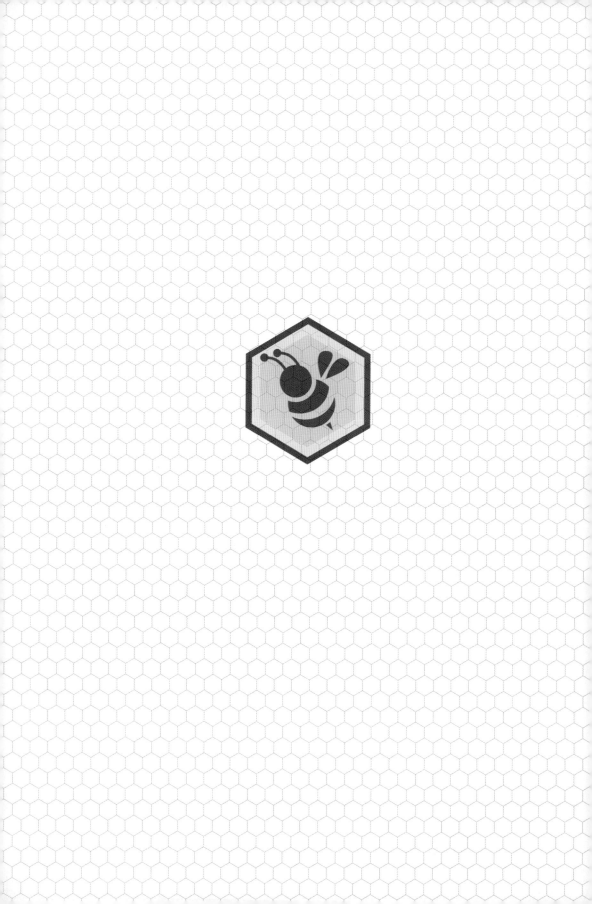

专题七

蜂王浆的生产与品质鉴定

　　我国是生产和出口蜂王浆的大国，作为重要的蜂产品，提高蜂王浆的产量和质量，对我国农业产业发展、农民增收创收均具有重要的意义。因此，我们需要熟悉蜂王浆的生产过程，了解蜂王浆品质检测的指标和方法，以及蜂王浆产品的种类、加工方法和产品特点，这对优化我国蜂王浆产业和产品具有良好的促进作用。

一、蜂王浆生产技术

目前，国家和地方都颁布有蜂王浆生产的技术规范，例如《蜂王浆生产技术规范》（NY/T 638—2016）由中华人民共和国农业部颁布，《蜂王浆生产技术规范》（DB11/T 482—2007）属于北京市地方标准。这些标准的实施对蜂王浆规范化生产具有重要的指导意义，蜂王浆的生产都须按标准进行。

（一）生产蜂王浆应具备的条件

1. 蜂群

蜂王浆由工蜂哺育蜂分泌。因此，拥有足够数量的工蜂是生产蜂王浆的基础。目前蜜蜂饲养均以蜂箱为基本单位（图7-1和图7-2），一般一个蜂箱须具备8框足蜂。蜂群健康、强壮，避免使用激素和抗生素。蜂群中出房后6～12日龄的工蜂最适合分泌蜂王浆，应保持其充足的数量。此外，工蜂分泌蜂王浆是为了饲喂小幼虫，所以子脾应齐全（子脾是蜜蜂培育卵、蛹和幼虫的巢脾）。生产蜂王浆尽量使用混合子脾，有较多封盖，最好有正在出房的，小幼虫比例不能太大。生产蜂王浆必须保证蜂群有丰富的蜜源和粉源（粉源尤为重要），如若粉源不足，短期内可通过人工饲喂的方法得以补充，并且要经常性地饲喂蜜汁或糖浆。此外，要提高蜂王浆的产量，很关键的一点就是选择蜂王浆高产蜜蜂作为产浆蜂群，例如著名的浙江浆蜂。

图 7-1　中国农业科学院蜜蜂研究所蜂场（范沛　摄）

图 7-2　河南鲁山阿婆寨蜂场（范沛　摄）

2. 蜜源和粉源

充足的蜜源和粉源是蜜蜂饲养和生产蜂王浆的重要外部保障。能为蜜蜂提供花蜜、蜜露的植物称为蜜源植物；能产生花粉供蜜蜂采集的植物称为粉源植物。有时候二者统称为蜜源植物。在养蜂场附近 2 千米以内，最好有 1 种以上的主要蜜源，流蜜（是指蜜源植物蜜腺分泌花蜜）和吐粉（是指粉源植物生产花粉）情况要好。蜜源和粉源应无污染。蜜蜂在某种蜜源、粉源花期生产的蜂王浆可作为蜂王浆的分类依据，例如荆条浆、紫云英浆、油菜浆、椴树浆和刺槐浆等。图 7-3 和图 7-4 分别为中国农业科学院蜜蜂研究所蜂场外部环境和河南鲁山阿婆寨蜂场外部环境，由图可见蜜源和粉源充足。

图 7-3　中国农业科学院蜜蜂研究所蜂场外部环境（范沛　摄）

图 7-4　河南鲁山阿婆寨蜂场外部环境（范沛　摄）

3. 水源

蜜蜂的生命和生产活动需要充足、清洁的水源（图 7-5 和图 7-6）。然而，蜂场尽量不要设置在较大面积的湖泊、水库以及过宽的河流附近，这样容

图 7-5　中国农业科学院蜜蜂研究所蜂场附近水源（范沛　摄）

易造成蜜蜂在外出时没有落脚的地方而溺亡，从而产生不必要的损失。

图 7-6　河南鲁山阿婆寨蜂场附近水源（范沛　摄）

4. 温度

适宜的环境温度有利于蜂王浆的生产。蜜蜂最适合的飞行温度是25℃，温度过低（低于13.5℃）时，蜜蜂不能飞行，从而影响产浆。因此，每年的6月初到8月底蜜蜂蜂群产浆达到高峰，是生产蜂王浆的黄金时期。在春季、夏季、秋季等不同季节生产的蜂王浆可分别称为春浆、夏浆和秋浆。

5. 生产工具

（1）台基条　台基条是无毒塑料制成的人工台基，是多个孔形台基连在一起，紧密排列形成条状，故称作台基条。台基条的质量必须合格，若使用劣质塑料制成的台基条，其中的有害成分（例如双酚A）会渗透到蜂王浆中，污染环境和毒害人类健康。台基条是培育蜂王和储存蜂王浆的场所。由于蜂群中的工蜂具有筑造王台（即蜂王的栖身之处）培育蜂王的习性和能力，因此可利用人工台基收集蜂王浆。简言之，人们将一定日龄（通常是1～2日龄）的小幼虫移入人工台基内，工蜂哺育蜂以为这是培育蜂王的王台，便向其中分泌蜂王浆，等蜂王浆积累到一定量时，即可收集人工台基内的蜂王浆了。虽然在此过程中小幼虫会消耗一点儿蜂王浆，但量很少，不影响蜂王浆生产。一般来说，蜂群都能够接受人工台基，这是大量生产蜂王浆的基础。台基条种类很多，有单排台基条和双排台基条。不同型号的台基条每排的孔数也不同，一般在 25 ～ 35 孔。

（2）采浆框　采浆框一般是木质框形结构，用于固定台基条（图7-7），可分为固定式（台基条被钉在采浆框边条上，可以任意旋转，但不能取下）和活动式（台基条可以一条一条地取下来，但不能旋转），以及两者互补结合的固定、旋转兼用采浆框。

图7-7　台基条与采浆框（李建科　摄）

（3）隔王板　隔王板是一种具有隔栅结构的平面薄木板（图7-8），安放在蜂箱中。由于蜂王和工蜂体形差异较大，具有特定大小的隔栅可将蜂王隔开，而工蜂可自由出入，从而把蜂王限制在巢箱内，有利于工蜂在继箱（没有底部的蜂箱，置于巢箱之上，通过隔王板隔开）中生产蜂王浆。

图7-8　隔王板（范沛　摄）

（4）移虫针　用于将蜜蜂幼虫移入人工台基内的工具，其种类也较多，有弹力移虫针，也有很多自制的简易移虫针。

（5）其他工具　包括刮浆片、镊子、刀片和蜂刷等工具。

（二）蜂王浆生产过程

1. 安装蜂箱

生产蜂王浆的蜂箱由两部分组成，即巢箱与继箱，两者统称为箱体，其结构和尺寸相同，巢箱位于底部，继箱放置在巢箱上。巢箱是蜂王产卵繁殖幼虫的区域，继箱用于储蜜和生产蜂王浆，所以巢箱也称为"蜂王产卵繁殖区"，继箱也称为"无王生产区"。生产蜂王浆开始的时间是根据蜜源植物花期而定的。南方气候温暖，花期较早，因此江浙地区每年2月底就开始加继箱产浆了；北方花期相对较晚，在北京，一般加继箱产浆的时间在4月底或5月初。

生产蜂王浆前，用平面隔王板把蜂巢分隔成蜂王产卵繁殖区和无王生产区，蜂王被限制在蜂王产卵繁殖区内。若饲养双王群，则用闸板或框式隔王板将蜂王分隔在巢箱不同区域，上面加平面隔王板，在继箱里生产蜂王浆。繁殖区放空脾或即将出房的蛹和蜜、粉脾，保证蜂王有产卵的空房。无王生产区放1～2框蜜粉脾、小幼虫脾和新封盖子脾。采浆框插在幼虫脾与封盖子脾或蜜粉之间。王浆生产群一定要蜂略多于脾，形成蜂数密集状态。

2. 准备幼虫

要保持蜂王浆高产态势，必须提高移虫效率，有一种有效的方法就是使用蜂王产卵控制器，这样更易获取适龄的幼虫。即在移虫前4～5天，将蜂王和适宜产卵的空脾放入蜂王产卵器（方形笼状），工蜂可以自由出入，蜂王却被限制在产卵脾上，等蜂王产卵2～3天后，定时取用适龄幼虫并补加空脾。这样就可以稳定地获得大量的适龄幼虫。

3. 安装台基

目前在蜂王浆生产中广泛使用高产型塑料人工台基条，其特点是操作方便、耐用、高产。使用前把台基条用细铁丝固定在浆框的木条上，不让脱落，达到顺利完成产浆的目的。移虫前，人工台基要提前24小时放入继箱，让工蜂在产浆区内进行清理和适应人工台基。

4. 点浆

移虫前在新人工台基上点入少量新鲜王浆，目的是为了提高蜂群对新人工台基的适应性。点浆时可用画笔蘸少量的新鲜王浆涂抹在人工台基内壁中，涂抹量不宜过多，只要有王浆的气味就行。点浆时要给每一条、每一个台基依次点浆，不能有遗漏。采过浆的台基不需要点浆，因为蜂群已经适应了人工台基。移好虫的王浆框，要及时放进产浆区的预留位置，操作时要快要轻，保证移虫浆框的安全。

5. 移虫

移虫前可以给蜂群奖饲，以提高产浆量。移虫的日龄可根据采浆时间来确定。如72小时采浆时应移1日龄幼虫，移虫时动作要温柔、迅速。使用弹力移虫针时，利用薄而光滑的牛角片舌端顺蜂房壁伸入房底部，这时舌片弯曲，把幼虫带浆托起在舌片尖端，然后转入台基中央用食指轻压弹性推虫杆上端，这样就将带浆的幼虫推入台基底部。依次重复上述动作把幼虫移入人工台基内。若条件允许也可使用自动移虫机进行移虫。

6. 采集

由于采集的蜂王浆可直接食用，因此为避免污染，采集过程须在洁净、卫生的条件下进行，并且全程无污染。准备工作完毕后，将浆框从蜂群中取出，轻轻抖落上面的蜜蜂，送至采浆室，之后进行割台、捡虫和取浆过程。割台是将人工台基上的蜡质部分去除。割台时浆框架向下，台基朝上，不能割到幼虫。然后用镊子取走幼虫，用刮浆片取出蜂王浆置入收集容器内，并尽快放入低温冰箱冻存。

（三）提高蜂王浆产量技术措施

1. 使用蜂王浆高产优质蜂种

提高蜂王浆产量可使用蜂王浆高产型蜂种，如浙江浆蜂和浙农大 1 号意蜂。如使用双王群饲养，除使用王浆高产蜂种外，另一品种可用采蜜力强的蜂种。

2. 延长产浆期

延长产浆期可以增加产浆时间，继而增加蜂王浆产量。生产蜂王浆的蜂群必须强壮，延长产浆期主要靠延长蜂群的强盛阶段，因此根据条件提前复壮，延迟衰退，便可延长强盛阶段。一般可通过提前繁殖，饲养双王群，培育强群，保持大量的产浆适龄蜂（即 6 ~ 12 日龄的工蜂）实现目标。

3. 保持蜜、粉充足

产浆期间蜜、粉源须保持充足，在蜜源丰富的大流蜜期，一般无须饲喂。但在辅助蜜源或无花期就应不断地进行饲喂，以保持蜜、粉充足。饲喂的主要是糖浆和花粉。

4. 适当奖饲

蜂群内有较多的储蜜时，可以喂少量稀薄的蜜水或糖浆，以激励蜜蜂泌浆积极性。一般根据蜜蜂进蜜情况，可隔天或下采浆框的当天奖饲1次。奖励饲喂的蜂蜜或糖浆，其浓度应相应低一些，蜂蜜与水的比例在2∶1左右即可，绵白糖或蔗糖与水的比例应不低于1∶1。每次奖励饲喂量不宜过多，正常情况下以每框蜂每次50～100克为宜。饲喂的蜂蜜应优质、无污染，蜂蜜来源清楚，不使用病群所产的蜂蜜饲喂。

5. 饲喂花粉

缺少花粉时，应饲喂花粉。可在蜂群中添加花粉脾，这是饲喂花粉最简便有效的方法。选用无霉迹、无巢虫和储藏时间不超过1年的备用花粉脾，喷上少量稀薄的蜂蜜或糖浆后，直接加进蜂巢内的产卵圈外侧。每次添加的数量，视蜂群群势和缺乏花粉的程度而定。此外，也可以直接饲喂花粉，将花粉用净水浸透后，拌入适量的蜂蜜，压制成饼状或条状，置于子脾的框顶上，盖好副盖和箱盖，供蜜蜂食用（可覆盖蜡纸或玻璃纸防止其干燥）。每群每次的饲喂量不可过多，以200～300克为宜，每次间隔5～7天，直到有新鲜花粉采进。

（四）蜂王浆高产蜂

1. 浙江浆蜂

浙江浆蜂为蜂王浆高产型西方蜜蜂遗传资源，2009年经国家畜禽遗传资源委员会鉴定，确认为浙江浆蜂。

（1）形态特征　浙江浆蜂蜂王体色以黄棕色为主，个体较大，腹部较长，末节背板略黑，尾部稍尖（图7-9，左）。雄蜂体色多为黄色，少数腹部有黑色斑（图7-9，中）。工蜂体色多为黄色，少数为黄灰色，部分背板前缘有黑色带（图7-9，右）。其他主要形态指标见表7-1。

图7-9　浙江浆蜂蜂王、雄峰和工蜂

表7-1　浙江浆蜂主要形态指标

初生重 （毫克）	吻长 （毫米）	前翅长 （毫米）	前翅宽 （毫米）	肘脉指数	第3＋4腹 节背板总长 （毫米）
110.92±13.76	6.38±0.45	9.40±0.28	3.19±0.14	2.32±0.33	4.65±0.32

注：引自平湖市农业经济局和畜牧兽医局《蜜蜂遗传资源调查情况》，2009年10月。

（2）生物学特征　浙江浆蜂分蜂性较弱，能维持强群，一般能保持10框蜂以上；在蜂脾相称、群势小于8框蜂时，一般不会出现分蜂。其繁殖力强，全年有效繁殖期为10个月左右。蜂王一般在冬末开始产卵，繁殖旺季平均日产卵量可超过1 500粒，繁殖期子脾密实度为95.8%。等秋季外界的蜜源结束的时候，蜂王也停止产卵。冬季繁殖期，最小群势为0.5～1框蜂，生产旺季最大群势为14～16框蜂，并能保持7张以上子脾。对于大片的蜜源，浙江浆蜂的采集能力较强，对零星的蜜源，它的利用能力也较强。从哺育能力来讲，浙江浆蜂育虫积极，哺育力强；从性情来讲，浙江浆蜂比较温驯，适应性广；从体征来讲，浙江浆蜂较耐热，饲料消耗量大，易受大小螨侵袭，易感染白垩病。

据原浙江农业大学动物科学学院和北京大学生命科学院测定，浙江浆蜂咽下腺小囊的数量为 579 个，而原种意大利蜂咽下腺小囊的数量为 547 个（江西农业大学动物科技学院报道），比原种意大利蜂增加了 5.85%，因此其分泌王浆的能力也相应增强。

（3）生产性能　浙江浆蜂生产的蜂蜜含水量 20% ~ 23%。2006 年浙江省畜牧兽医局曾对浙江浆蜂在油菜花期生产的蜂王浆进行抽样检测，其测定结果显示：在 62 个样品中，10-HDA 含量为 1.40% ~ 2.28%，平均 1.76%。平湖浆蜂蜂王浆中 10-HDA 含量为 1.4% ~ 1.9%，其中春浆 10-HDA 含量为 1.8% 左右，水分含量为 62% ~ 70%。一般蜂场饲养的浙江浆蜂，油菜花期生产的蜂王浆 10-HDA 含量为 1.4% ~ 1.8%，平均为 1.6%。图 7-10 为浙江浆蜂生产的蜂王浆。

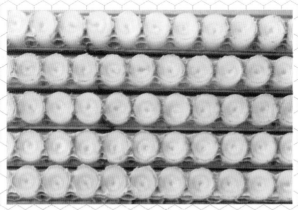

图 7-10　浙江浆蜂生产的蜂王浆

（4）蜂产品产量　据报道，浙江浆蜂蜂王浆产量比原种意大利蜂平均高 2.19 倍。1988 ~ 1989 年浙江省畜牧局进行了对比试验，平湖浆蜂比普通意大利蜂增产蜂王浆 83.69%，增产花粉 54.5%。浙江浆蜂年群产量见表 7-2。

表 7-2　浙江浆蜂年群产量

蜂蜜 （千克）	蜂王浆 （千克）	蜂花粉 （千克）	蜂胶 （千克）	蜂蜡 （千克）
50	3.5～5	5.0	50～100	0.6～1.0

（5）饲养管理

1）蜂群饲养　浙江浆蜂的饲养方式有多种，其中转地饲养约占 79%，定地饲养约占 10%，定地加小转地饲养约占 11%。大多数蜂场可以生产蜂蜜、蜂王浆、蜂花粉等产品。浙江浆蜂蜂群可在室外过冬。

2）饲养技术要点　根据浙江浆蜂的生物学特性，在饲养管理上应采取适时冬繁、蜂脾相称、早加继箱、及时生产、安全度夏、维持强群等技术措施。

（6）推广利用　浙江浆蜂的原产地在嘉兴、平湖和萧山一带，中心产区为嘉兴、杭州、宁波、绍兴、金华、衢州市。除舟山外，浙江省 10 个地级市的 91 个县（市、区）都有饲养，饲养量达 56 万群。目前已推广到除西藏外的全国各地。

2. 浙农大 1 号意蜂

浙农大 1 号意蜂是原浙江农业大学等单位，1988～1993 年用浙江平湖、萧山、嘉兴、杭州、桐庐、绍兴等地的蜂王浆高产意大利蜂群（浙江浆蜂）做素材，通过闭锁繁育而育成的西方蜜蜂（Apis mellifera Linnaeus，1758）新品系。

（1）形态特征　浙农大1号意蜂蜂王个体中等，腹部瘦长，毛呈淡黄色，腹部背板几丁质呈橘黄色至淡棕色（图7-11，左）。雄蜂胸腹部绒毛呈淡黄色，腹部背板几丁质呈金黄色，有黑色斑（图7-11，中）。工蜂胸腹部绒毛呈淡黄色，腹部2～5节背板几丁质呈黄色，后缘有黑色环带，末节为黑色（图7-11，右）。

图7-11　浙农大1号意蜂蜂王、雄蜂和工蜂

（2）生物学特征　浙农大1号意蜂繁殖力强，旺季日产卵可达1 500粒以上。群势较强，能维持12框蜂以上的强群。其储蜜习性好，抗逆性强，防盗性强，温驯度好，抗白垩病能力强。

（3）生产性能　浙农大1号意蜂产浆性能好，年均群产蜂王浆可达3.7～7.7千克。油菜花期，浙农大实验蜂场所产蜂王浆10-HDA含量为1.9%；大面积推广的蜂群所产蜂王浆10-HDA含量1.4%～1.7%，水分含量66%～67%。浙农大1号意蜂年均群产蜂蜜40千克左右，蜂蜜含水量23%～30%；年均群产花粉1.75～2千克、蜂蜡0.85～1千克。

（4）饲养管理　浙农大1号意蜂的饲养方式主要有两种：为定地结合小转地饲养约占60%，转地饲养约占40%。图7-12所示为浙农大1号意蜂蜂场。

图7-12　浙农大1号意蜂蜂场

　　饲养过程中勤记录、重选育很关键；种用雄蜂和蜂王的选择也很重要；充分利用杂种优势。在外界蜜源充足、温湿度适宜的季节，应与邻近蜂场协作，选择强壮的、健康的蜂群，培育雄蜂和处女王。另外要注意交尾场需有足够的优质雄蜂。双王群或主副群饲养，保证饲料充足，蜂多于脾，蜂数密集；流蜜期适当控制蜂王产卵，适时取蜜，采取适当措施控制蜂螨、蜂病危害。

二、蜂王浆质量检测

（一）基本品质标准

　　大致判断蜂王浆品质的标准如表7-3所示。

表7-3 蜂王浆基本品质标准

指标	等级标准	优等品	一等品	合格品
感观指标	状态	浆状朵块形，微黏，光泽明显；无幼虫、蜡屑等杂质；无气泡	乳浆状，微黏，朵块状不少于1/3，有光泽；无幼虫、蜡屑等杂质；无气泡	乳浆状，微黏，有光泽感；无幼虫、蜡屑等杂质；无气泡
	气味	蜂王浆香气浓，气味醇正	蜂王浆香气浓，气味醇正	有蜂王浆香气，气味醇正
	滋味	有明显的酸、涩带辛辣味，回味略甜，不得有发酵、发臭等异味	有明显的酸、涩带辛辣味，回味略甜，不得有发酵、发臭等异味	有酸涩带辛辣味，回味略甜，不得有发酵、发臭等异味
理化指标	水分（%）	62.5～67.5	62.5～67.5	67.6～70
	粗蛋白质（%）	≥ 11	≥ 11	≥ 11
	酸度	30～53	30～53	30～53
	灰分（%）	≤ 1.5	≤ 1.5	≤ 1.5
	总糖（%）	≤ 15	≤ 15	≤ 15
	淀粉	不得检出	不得检出	不得检出
	10-HDA（%）	≥ 1.4	≥ 1.4	≥ 1.4

蜂王浆本身具有很强的抑菌和杀菌能力，使一般细菌无法在其中生存（除少数酵母菌较易在其中繁殖外），故许多国家均不对其规定任何特殊的卫生指标，大多参照该国的卫生食品法执行。所以，我国对蜂王浆也仅暂定了简单的卫生指标，即杂菌总数不得超过300个/克；霉菌不得超过

100 个 / 克，致病菌不得检出。

（二）蜂王浆品质检测指标

由于蜂王浆成分的复杂性，根据上述基本评判标准远远无法客观、真实地评价蜂王浆品质。然而建立系统、完善的蜂王浆品质检测体系，对指导蜂王浆生产、经营、消费，以及市场监管和出口，都具有十分重要的意义。因此，探求和确立能如实反映蜂王浆品质的指标，并研究快速、高效的蜂王浆品质变化鉴别方法很有必要。目前科学家们根据蜂王浆的性质和特点，研究发现以下指标可以反映蜂王浆品质。

1.感官指标

罗雪雅等将蜂王浆分别储存于 10℃（33 天）和 37℃（16 天）环境下，对色泽、气味、味道和触感进行了评价。结果发现，储存于 10℃环境下，33 天后的蜂王浆，外观方面，颜色逐渐变白，含水量不变，呈粉状；气味方面，具有蜂王浆特有的酸、涩、辛、辣和淡淡的馊味；味道方面，蜂王浆特有的味道变淡，有一股淡淡的异味；触感方面，黏度稍稍变大。储存于 37℃ 环境下，16 天后的蜂王浆，外观方面，颜色逐渐变暗，表面硬度变大，含水量减少，颗粒状明显；气味方面，具有蜂王浆特有的酸、涩、辛、辣和较浓的馊味；味道方面，蜂王浆特有的味道很淡，有刺鼻的异味和酸味；触感方面，黏度变大、更润滑。因此，通过外观、气味、味道和触感等感官指标，可以对蜂王浆品质做出大致的评判。

此外，他们亦选择总色差、明度、黄度、变黄度和正偏黄五个色泽指标进行研究。结果发现，37℃下蜂王浆黄度、变黄度和正偏黄都呈逐渐上升趋势，在前5天上升速度最快（第5天达到最大值）。并且通过均匀试验设计得出结论，即把黄度变化率80%、变黄度变化率177%和正偏黄变化率314%，作为蜂王浆是否具有营养价值及新鲜的临界值。

2. 泛酸

泛酸即维生素 B_5。罗雪雅等还发现蜂王浆泛酸保存率与储存温度、时间均成负相关，即蜂王浆保存温度越高、时间越长，泛酸保存率越低。他们研究结果发现，可采用泛酸保存率71.25%作为蜂王浆是否具有营养价值及新鲜的临界值。

3. 糖化蛋白

蜂王浆中的糖基化产物（糖化蛋白）含量与蜂王浆褐变有关。因此，检测蜂王浆中的糖化蛋白对鉴定蜂王浆新鲜度具有重要的意义。高铁俊等探索出简便快速测定蜂王浆中糖化蛋白的方法。1–脱氧–1–吗啉–D–果糖具有酮胺结构，可以与氯化硝基四氮唑蓝反应形成蓝紫色化合物，而糖化蛋白也具有酮胺结构，可以与氯化硝基四氮唑蓝发生上述颜色反应。因此，以1–脱氧–1–吗啉–D–果糖为标准物，采用氯化硝基四氮唑蓝比色法，可以测定蜂王浆中糖化蛋白的含量，从而确定蜂王浆的新鲜度。1–脱氧–1–吗啉–D–果糖与氯化硝基四氮唑蓝反应的最佳条件为反应温度57℃，反应时间20分，使用体积分数为0.02%的 Triton 作为表面活性剂，pH 为10.8，氯化硝基四氮唑蓝浓度为0.5毫摩尔/升。该方法方便、快捷，准确度和灵敏度高，可以用作检测蜂王浆新鲜度。

4. 粗蛋白质

蜂王浆中的粗蛋白质含量高低是评价蜂王浆质量优劣的一项重要指

标。测定蜂王浆粗蛋白质含量可使用常规凯氏定氮法（图7-13为凯氏定氮仪），然而该方法较为烦琐。因此，陈婉玉等探索使用紫外分光光度法测定蜂王浆中粗蛋白质的含量，并与凯氏定氮法比较。经多重与用凯氏定氮法测得的蜂王浆试样中的粗蛋白质含量比较均无显著差异，所以紫外分光光度法可用于蜂王浆中的粗蛋白质含量的测定，并且简单、快速。

图7-13　全自动凯氏定氮仪

5.蜂王浆主蛋白

科学家们利用蛋白质组学技术，对新鲜蜂王浆以及在 -20℃、4℃和室温条件下分别储存了12个月的蜂王浆进行了对比研究，揭示了蜂王浆在不同储存条件下蛋白质的变化。对于蜂王浆主蛋白家族来说，蜂王浆主蛋白1的含量随着储存温度的升高呈降低趋势，即储存温度越高，蜂王浆主蛋白1降解得越多。蜂王浆主蛋白2和主蛋白3对储存温度的变化也比较敏感，但不像蜂王浆主蛋白1那样有规律的变化趋势，可能与这蛋白质本身在储存过程中发生聚合有关系。有趣的是，蜂王浆主蛋白4和主蛋白5在室温条件储存12个月之后完全消失，即它们对温度的变化极为敏感。

因此，蜂王浆主蛋白4和主蛋白5（尤其是蜂王浆主蛋白5）可作为检测蜂王浆新鲜度的指标。该研究也告诉我们，蜂王浆在−20℃条件下冻存的效果最好。

6. 蜂王浆主蛋白1

蜂王浆主蛋白作为蜂王浆中含量最高的物质，亦可以用作蜂王浆质量检测的指标。王一然等制备了蜂王浆主蛋白1特异性抗体，建立了检测蜂王浆主蛋白1含量的酶联免疫吸附测定（ELISA）方法，以此对蜂王浆质量进行鉴定。

他们根据蜂王浆主蛋白1的蛋白质序列设计了2段特异性多肽（每条肽段都是仅属于蜂王浆主蛋白1，一段用作捕获抗体，另一段标记了辣根过氧化物酶，作为检测抗体，此法称为双抗体夹心ELISA检测方法），将多肽合成后作为免疫原皮下注射兔，之后采血，取血清，从中提取出蜂王浆主蛋白1抗体（其中一段须用辣根过氧化物酶标记），用于之后的检测。

酶联免疫吸附测定的方法为：包被捕获抗体，37℃条件下反应2小时，之后在4℃条件下用5%脱脂奶粉封闭过夜，然后加入抗原，继续在4℃条件下反应过夜。上述步骤完成后，加入检测抗体，在37℃条件下反应2小时，然后加入TMB显色液，37℃反应15小时显色。抗原抗体结合越多，显色程度越高，因此根据显色程度可以对待测物质蜂王浆主蛋白1进行定量检测。利用此方法，可以检测到2.5～10微克/毫升的蜂王浆主蛋白1。因此，利用该方法检测蜂王浆中的蜂王浆主蛋白1，具有准确度高、方便快速的优点。他们将新鲜蜂王浆置于40℃下放置0天、7天、14天、21天、28天和35天后，用此方法分别检测不同处理时间样品的蜂王浆主蛋白1

含量。结果显示，鲜王浆中蜂王浆主蛋白1含量与保温时间成负相关，说明在40℃条件下蜂王浆主蛋白1会发生降解，并且时间越长，降解程度越高。这与实际情况相符。此外，由于蜂蜜中也含有少量的蜂王浆主蛋白1，也可利用此方法检测蜂蜜质量，辨别真伪。

7. 蛋白质二级结构

蛋白质二级结构是指蛋白质多肽链中有规则重复的构象，这是由于组成蛋白的氨基酸残基之间会按一定规则形成氢键，从而形成蛋白质中普遍存在的特殊构象。蛋白质二级结构主要包括 α–螺旋、β–折叠、β–转角和无规则卷曲。

α–螺旋是蛋白质中第 n 个氨基酸残基的羰基氧与C端方向的第 $n+4$ 个氨基酸残基的酰胺氮形成氢键，从而使蛋白质肽链骨架以螺旋的方式绕中心轴延伸，其中以右手螺旋结构最为常见。α–螺旋结构中肽链每螺旋一次包含 3.6 个氨基酸残基，螺距为 0.54 纳米，每个残基沿着螺旋的中心轴上升 0.15 纳米，螺旋的半径为 0.23 纳米。

β–折叠是蛋白质肽键的羰基氧和位于同一个肽链或相邻肽链的另一个酰胺氢之间形成氢键而形成的，这些氢键几乎与伸展的肽链垂直。肽链平面之间折叠成锯齿状（波浪状），相邻肽键平面之间夹角约110°，侧链基团交替分布在折叠片层的上、下方，相邻的两个氨基酸之间的轴心距为 0.35 纳米。肽链可以是平行排列和反平行排列两种模式，一般后者较为稳定。

β–转角是一种使肽链走向发生改变的二级结构。β–转角一般包含 2 ~ 16 个氨基酸残基，其中以含有 4 个氨基酸残基最为常见。在转角形成过程中，第 1 个氨基酸残基羰基氧与第 4 个残基的酰胺氮之间形成氢键，使肽链发生几乎 180° 的"U"形转弯。

无规则卷曲是多肽链中除上述几种比较规则的构象外，尚无明确规律的肽链二级结构构象。

蛋白质二级结构的规律性和特殊性，使得不同蛋白质具有各自不同的二级结构特点。因此，通过对二级结构的分析，可以对蜂王浆蛋白的变化规律进行描述，从而进行相关品质监控。

结果表明，新鲜蜂王浆蛋白中 β-折叠、β-转角、α-螺旋和不规则卷曲的含量分别占 26.7%、23.7%、22.8% 和 16.7%。并且随着储存时间的延长，蜂王浆蛋白中的 α-螺旋和 β-转角的含量下降，β-折叠上升，不规则卷曲的含量基本不变，表明在蜂王浆常温储存的过程中，蛋白质的二级结构会发生不同的变化，也说明通过二级结构变化来判断蜂王浆品质是可行的。

8. 光谱

红外光谱法可以用于研究蛋白质二级结构，再根据蛋白质二级结构变化特点检测蜂王浆品质。吴黎明等发现，红外光照射不同品质的蜂王浆样品，样品对红外光谱吸收特点是不同的，因此所反映出来的红外光谱图性质（峰位、峰形、峰强和谱图间相关系数等）也是有差别的，据此亦可对蜂王浆的品质进行检测。

9. 糠醛类物质

糠醛类物质的含量反映食品加工、储藏过程中质量的变化。蜂王浆中含有蛋白质、糖类和酸类，在其储藏过程中可能发生美拉德反应而生成糠醛类物质。因此，糠醛类物质也可作为蜂王浆质量和新鲜度的评价指标。

10.末端糖基化产物

末端糖基化产物是在非酶条件下，蛋白质与糖类（单糖，如葡萄糖）发生反应，产生一系列不同结构的化学物质，内外交联产生棕色带荧光的混合物。在人体中，末端糖基化产物参与了包括动脉粥样硬化、糖尿病和阿尔茨海默病在内的多种疾病过程。蜂王浆在褐变过程中也会产生末端糖基化产物，从而降低其品质。

刘娟等利用荧光光谱和酶联免疫检测技术检测到了蜂王浆中的末端糖基化产物 Pentodilysine 和羧甲基赖氨酸，它们在蜂王浆中的含量随时间增加而增加，蜂王浆在储存6个月后，羧甲基赖氨酸的含量是新鲜蜂王浆的2.63倍。因此，这两种末端糖基化产物可作为蜂王浆品质的检测指标。

11.部分氨基酸

除了对蜂王浆中的糠醛类物质进行研究以外，吴黎明等还系统研究了可能代表蜂王浆新鲜度的26种氨基酸（20种基本氨基酸和羟基赖氨酸、鸟氨酸、牛磺酸、氨基异丁酸、γ–氨基丁酸和羟基脯氨酸）在蜂王浆储存过程中的变化规律。他们使用高效液相色谱技术，测定了在不同温度下（−18℃、4℃和25℃）经过不同时间（1个月、3个月、6个月和10个月）储存的蜂王浆中游离氨基酸和总氨基酸（蜂王浆中某种氨基酸的游离氨基酸和蛋白质水解后产生的氨基酸总和）的含量。

蜂王浆中游离氨基酸样品的制备方法是，用95%的乙醇溶解一定量的蜂王浆，超声提取3分后，以5 000转/分的转速离心10分，取上清液（沉淀可取出。重复上述步骤，最后合并上清液），然后在40℃条件下用旋转蒸发液蒸干，超纯水溶解，0.22 微米滤膜过滤后待测。总氨基酸样品的制备方法是，将一定量的蜂王浆溶解于超纯水和与超纯水等体积的 12 摩尔/升盐酸中，110℃水解 24 小时，水解产物用 6 摩尔/升氢氧化钠调 pH 至 5.2，超纯水稀释后用 0.22 微米滤膜过滤，样品用衍生剂衍生后待测。色谱检测条件为，使用 Acquity UPLC AccQ•Tag Ultra 色谱柱，流动相为 AccQ•Tag Ultra 洗脱液，流速 0.7 毫升/分，柱温 55℃，检测波长 260 纳米。这是一种简单、灵敏测定蜂王浆游离氨基酸的方法。

利用该方法，他们检测到含量最高的游离氨基酸为脯氨酸、谷氨酰胺、赖氨酸和谷氨酸，而含量最高的总氨基酸分别为天冬氨酸、谷氨酸、赖氨酸和亮氨酸。尽管在蜂王浆的储存过程中多数游离氨基酸和总氨基酸含量并没有发生明显的变化或变化无规律，但总蛋氨酸和游离谷氨酰胺在储存过程中含量持续下降而且差异显著。因此，他们提出总蛋氨酸和游离谷氨酰胺可作为评价蜂王浆品质和新鲜度的指标。

12. 三磷酸腺苷

三磷酸腺苷是生命活动中细胞所需能量的直接来源。其降解产物可作为畜产品新鲜度的检测指标。例如，杨波和刘寿春分别利用该方法建立了鸭肉和罗非鱼片新鲜度检测的技术。吴黎明等也建立了基于三磷酸腺苷降解产物的蜂王浆新鲜度检测方法，通过检测蜂王浆中三磷酸腺苷、二磷酸腺苷、单磷酸腺苷、肌苷、单磷酸肌苷、次黄嘌呤、腺苷和腺嘌呤等物质的含量，提出以腺苷、腺嘌呤、肌苷和次黄嘌呤的含量之和与以上所有物质含量之和的比值作为新鲜度指标。他们在实验室中检测了储存于不同温度和不同时间的蜂王浆样品，结果显示这一指标随储存温度和时间的升高而升高。同时，这一方法和糠氨酸法检测同一样品，得到了一致的结果，证明这一评价指标是有效、可行的。

13. 糖类

蜂王浆中的糖类亦可以作为评判蜂王浆真伪和质量的指标。薛晓锋等利用离子色谱法测定蜂王浆中的葡萄糖、果糖、蔗糖和麦芽糖的含量。他们把样品用热水溶解，之后用乙腈沉降蛋白，使用 2 个固相萃取小柱去除色素与脂肪等干扰成分后，以 CarboPac PA10 分析柱为色谱柱，氢氧化钠和乙酸钠溶液为流动相进行离子色谱分离。葡萄糖、果糖、蔗糖和麦芽糖的检出限分别为 0.12 毫克 / 升、0.14 毫克 / 升、0.21 毫克 / 升和 0.33 毫克 / 升。利用该方法对多个蜂王浆样品进行了分析，结果发现，蜂王浆中葡萄糖含量为 6.2% ~ 8.3%，果糖 7.0% ~ 8.7%，蔗糖 0.38% ~ 3.6%，麦芽糖 0.27% ~ 0.83%。该方法简单、灵敏度高，可作为标准方法对蜂王浆中葡萄糖、果糖、蔗糖和麦芽糖进行分析。

14. 10-HDA

10-HDA 在蜂王浆中的含量一般在 1.4% 以上，占蜂王浆中总有机酸的 50% ~ 60%。10-HDA 含量虽然可作为蜂王浆质量的检测指标，但一般不作为新鲜度的检测指标，这是因为 10-HDA 比较稳定，耐热性好，在 130℃的高温下处理 60 分，仍有 96.6% 的残留，因此不适合用于检测蜂王浆新鲜度的检测指标。

（三）蜂王浆中药物残留的检测

农产品中的药物残留是人们关注的重要食品安全问题。食物中药物残留会对人类健康产生诸多不良影响，例如影响胃肠道菌群，机体发生感染性疾病的概率升高。此外，残留药物的积累可引发致畸、致癌、致突变，甚至造成中毒。控制农产品中的药物残留，是确保民众健康的重要举措。对于蜂王浆而言，导致蜂王浆药物残留的主要原因包括农药污染、蜂药污染、土壤污染和大气污染等。因此，蜂王浆药物残留的有效检测，对提高蜂王浆质量有很重要的意义。

1. 四环素

任勤等给蜂群饲喂四环素，每隔 10 天取蜂王浆，用高效液相色谱技术检测四环素残留。他们发现，40 天之后，蜂王浆中四环素残留量为 0.053 2 毫克 / 千克，达到欧盟标准；50 天之后的残留量为 0.039 1 毫克 / 千克，完全符合其他国家标准。同时也对蜜蜂咽下腺进行了检测，发现 10 天之后，四环素残留量为 0.067 8 毫克 / 千克，60 天后其残留量下降到 0.001 2 毫克 / 千克。这说明蜂王浆和其泌浆器官均会产生药物残留，蜂王浆中的药物残留可能一部分来自泌浆器官。

任勤等检测四环素所使用的高效液相色谱方法：使用 ZORBAX RX-C_8 色谱柱，流动相为 0.4% 甲酸水溶液 + 乙腈 + 甲醇（体积比 75 ： 20 ： 5），流速 0.2 毫升 / 分，柱温 30℃。色谱检测前蜂王浆样品要进行相应的处理，准确称量的蜂王浆在 Macllvaine 缓冲液中溶解，离心取上清液。上清液经过 Oasis HLB 固相萃取柱萃取，用甲醇洗脱，吹干后复溶，用 0.45 微米滤膜过滤，收集后上机检测。

2. 土霉素

任勤等以同样的方式给蜂群饲喂土霉素，发现 50 天之后，蜂王浆中土霉素残留量为 0.059 7 毫克 / 千克，基本符合标准；60 天之后的残留量为 0.048 2 毫克 / 千克，完全符合标准。同时也对蜜蜂咽下腺进行了检测，发现 10 天之后，土霉素残留量为 0.083 2 毫克 / 千克，60 天后其残留量降至 0.008 2 毫克 / 千克。检测土霉素所使用的高效液相色谱方法与上述相同。

3. 链霉素

薛晓锋等建立了蜂王浆中链霉素残留的提取、净化及高效液相色谱测定方法。在该研究中，使用含有蛋白质沉淀剂的磷酸提取液（pH 2.0）溶解蜂王浆样品，以沉淀蜂王浆蛋白质，再以超声波辅助提取蜂王浆中的链霉素残留。离心去沉淀后，样液分别用阳离子交换柱和反相固相萃取柱净化。采用柱后衍生 – 高效液相色谱梯度洗脱与荧光检测分析蜂王浆中的链霉素残留。以 Atlantis HILIC Silica 为色谱柱，流动相为酸性水溶液和乙腈，链霉素在 25 分内可实现较好的分离，链霉素的检出线为 10 微克 / 千克。

4. 林可霉素

黄新球等也建立了检测蜂王浆中林可霉素残留量的高效液相色谱法。在他们的方法中，蜂王浆样品溶解于水之后，用含有 3% 氨水的乙腈沉淀蛋白质，用正己烷除去脂肪，使用 Shim-pack C_{18} 色谱柱，流动相 A 为乙腈，流动相 B 为 pH 3.5、含 0.06% 磷酸的水溶液，流速为 1 毫升 / 分，在 217 纳米波长下用紫外检测器检测，林可霉素的最低检出限为 0.09 微克 / 毫升。

此外，西班牙学者等使用氧化锆对蜂王浆中的杀虫剂进行吸附，并使用高效液相色谱 – 质谱对吸附效果进行检测；日本学者也建立一种简单高效的氯霉素检测方法。相信这些方法和技术的不断发展和改进，将大大提高药物残留的检测范围和灵敏度，为蜂王浆的绿色、健康生产和消费保驾护航。

（四）蜂王浆中雌激素化合物的检测

食物、保健品和化妆品中存在不当含量雌激素，会对人体健康造成不同程度的影响和损害。如果由于环境污染，外源性雌激素通过畜产品、水产品进入食物链，便会具有潜在的致癌性，并且对人类生殖系统、免疫系统和神经系统产生干扰，出现生殖异常、内分泌疾病，以及精神方面的疾病等。因此，建立蜂王浆中雌激素检测方法很有必要。王强等建立了蜂王浆中 10 种雌激素（雌酮、17-β 雌二醇、17-α 雌二醇、雌三醇、16- 表雌三醇、17- 表雌三醇、乙炔雌二醇、双酚基丙烷、辛酚和壬基酚）活性化合物的高效液相色谱 - 质谱联用检测方法。

在该研究中，蜂王浆样品溶解于 pH 5.2 的乙酸钠缓冲溶液中，使用葡萄糖醛酸酶 / 芳香基硫酸酯酶的混合酶制剂在 45℃条件下酶解，之后加入乙腈，超声提取，离心分离沉淀包含目标化合物的上清液。再经液 - 液萃取并利用 Oasis HLB 小柱与 Bond Elut-NH2 小柱串接进行样品净化，洗脱并氮气吹干，用初始流动相溶解，0.21 微米滤膜过滤，制备好检测液后上机分析。高效液相色谱检测条件为，使用 Poroshell 120 SB-C$_{18}$ 色谱柱，流动相 A 为水，流动相 B 为甲醇，流速 0.3 毫升 / 分，采用梯度时间洗脱；质谱条件质量扫描范围为 50 ~ 1 100 米 / 赫兹，电离方式为 ESI⁻，以高纯度氮气进行雾化。利用该方法，10 种雌激素化合物最低可检测到的范围是 1.8 ~ 3.3 微克 / 千克，检测效果良好，具有不错的推广价值。

有趣的是，他们在利用此方法对蜂王浆样品进行检测时发现双酚基丙烷（即双酚 A，是一种环境雌激素）检出率较高，检出含量在 5.8 ~ 16.3 微克 / 千克。双酚基丙烷有模拟雌激素的作用，不当使用会造成雌性早熟、雄性精子数量下降，以及致畸等不良后果。双酚基丙烷是生产硬塑料聚碳酸酯 PC 的重要原料。因此，蜂王浆中检出的双酚基丙烷很可能是在蜂王浆生产和销售等环节中塑料器具和包装材料使用不当造成的。

图 7-14　农业部蜂产品质量监督检验测试中心（北京）（范沛　摄）

三、饲料对蜂王浆品质的影响

饲料中蛋白质种类和水平可影响蜂王浆品质，并且不同种群的蜜蜂产浆时对饲料蛋白质的要求也有所不同。李肖等以意大利蜜蜂为研究对象，分别饲喂以玉米蛋白粉、膨化豆粕、发酵豆粕、啤酒酵母为饲料蛋白质源的，每种蛋白质源饲料蛋白质水平分别为 20%、25%、30%、35% 的代用花粉。结果发现，不同蛋白质水平的饲料对蜂王浆品质有显著影响，当蛋白质水平升高时，蜂王浆蛋白质含量及 10-HDA 含量升高；玉米蛋白粉组蜂王浆酸度显著高于其余组。他们提出，在产浆阶段，蛋白质水平高于 25% 的优质蛋白源可显著提高蜂王浆品质。

王改英等研究了饲料蛋白质水平对意大利蜜蜂产浆及咽下腺发育的影响。他们以浙农大1号意大利蜜蜂（王浆高产蜂）为研究材料，分别设置试验组和对照组。试验组分别饲喂蛋白质水平为20%和30%的全价人工配合日粮；对照组饲喂油菜花粉。分别测定各组采食量、蜂王浆产量、王台接受率、蜂王浆成分、咽下腺腺泡面积及咽下腺蛋白质含量。结果表明，尽管20%蛋白质日粮组蜂群采食量、蜂王浆总产量、王台接受率及蜂王浆中10-HDA、粗蛋白质、酸度与30%蛋白质日粮组、对照组均无显著影响，然而，20%蛋白质日粮组咽下腺腺泡面积和蛋白质含量显著高于30%蛋白质日粮组和对照组，说明日粮蛋白质水平对工蜂咽下腺发育有显著影响。该研究结果表明，对于浙农大1号意蜂，20%蛋白质日粮组工蜂咽下腺发育显著优于30%蛋白质日粮组。

四、蜂王浆产品的开发

（一）新鲜蜂王浆

新鲜蜂王浆为天然蜂产品，未经过加工处理，形态和口感好，营养损失小，因此受到消费者的青睐，也是消费者选购蜂王浆产品的首选。图7-15为北京中蜜科技发展有限公司生产的鲜蜂王浆。

新鲜蜂王浆必须在低温（-18℃）下冻存，否则品质会大打折扣。因此很大程度上限制了新鲜蜂王浆的使用。但是人们不断研发出蜂王浆新产品，打破了蜂王浆难以保存的壁垒，使蜂王浆更好地服务于大众。

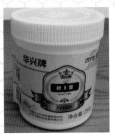

图7-15 北京中蜜科技发展有限公司生产的华兴牌鲜蜂王浆（范沛　摄）

（二）水溶性蜂王浆

水溶性蜂王浆制备的关键是水解蛋白质，以增加其水溶性。利用特殊的酶将蜂王浆中的蛋白质切成肽段（酶解）是有效的方法。刘佳霖等比较了四种蛋白酶（木瓜蛋白酶、无花果蛋白酶、中性蛋白酶和菠萝蛋白酶）制备水溶性蜂王浆的效果，结果显示，这四种酶的水溶性蛋白质提取率分别为14.10%、13.97%、24.91%和7.20%，并且酶解产物经过热（70℃）、酸（pH 4.0）、碱（pH 10.0）处理之后含量并无显著变化，说明酶解产物具有较强的耐热、耐酸和耐碱的特点，有利于不同条件下的保存和使用。在四种酶当中，采用中性蛋白酶制备水溶性蜂王浆效果最好，并且由于中性蛋白酶反应条件简易，因此可应用于水溶性蜂王浆生产。

戚向阳等使用胃蛋白酶和碱性蛋白酶制备水溶性蜂王浆。他们对蜂王浆蛋白质的最佳水解条件及两种酶解液的特性进行了研究。结果发现，胃蛋白酶和碱性蛋白酶最佳水解条件分别为pH 2.0和pH 8.0，温度为37℃

和 50℃，料液比为 1 : 3 和 1 : 4，酶浓度均为 0.7%，反应时间均为 8 小时。两种酶酶解产物的氮溶解指数均超过 80%，说明其水解效果不错。该研究同时发现，碱性蛋白酶酶解产物的澄清度、苦味值及氮溶解指数均优于胃蛋白酶酶解产物，可用于制备水溶性蜂王浆。

包合技术也是一种常用的蛋白质改性技术。刘佳霖等使用 β-环糊精（包合剂）制备水溶性蜂王浆。经过不同的配比试验，他们发现 β-环糊精与蜂王浆以 4 : 1、1 : 1 和 1 : 4 的比例进行水解，提取率分别达到 89.38%、92.06% 和 91.21%，并且包合产物具有较强的热、酸和碱稳定性。因此，利用 β-环糊精包合技术生产水溶性蜂王浆，具有成本低和效率高的优点。

（三）干蜂王浆

目前干蜂王浆制品（图 7-16）的生产工艺主要分为两种，冷冻干燥和喷雾干燥。根据生产工艺，冷冻干燥法又分为传统真空冷冻干燥法和微波真空冷冻干燥法。传统真空冷冻干燥法是将待干燥物料迅速降温至 -30 ~ -10℃，此时物料内部的水分会迅速形成冰晶，再经真空和热处理，冰晶直接升华为水蒸气而被真空作用吸出，从而去除水分，达到干燥的目的；微波真空冷冻干燥法是在真空干燥的基础上，通过微波将待干燥物料内部加热，可避免局部过热。因此，微波真空冷冻干燥技术是由真空、制冷和加热三大系统构成。喷雾干燥是利用雾化器将待干燥料液瞬间分散成细小雾滴，料液中的水分迅速蒸发并由相关设备排出，因此物料表面温度较低，可用于干燥对温度敏感的物质。

图 7-16　北京中蜜科技发展有限公司生产的华兴牌冻干蜂王浆胶囊（范沛　摄）

　　赵娜等研究了真空冷冻干燥和喷雾干燥技术生产蜂王浆干粉的工艺。

真空冷冻干燥工艺主要流程包括蜂王浆料液配制、冷却、过滤、预冻、真

空冷冻干燥、粉碎、成品和检测；喷雾干燥工艺主要流程包括蜂王浆料液

配制、冷却、过滤、喷雾干燥、成品和检测。他们以蜜蜂春秋两季生产的

王浆为原料添加适量填充剂，以蜂王浆干粉得率、溶解性、酸度、含水量

和感官为指标，对春浆和秋浆干粉的配方进行优化。春浆的最佳配方：麦

芽糊精 12.5%，β-环糊精 7%，阿拉伯胶 0.5%，王浆浓度 30%。秋浆的

最佳配方：麦芽糊精 12.5%，β-环糊精 5%，阿拉伯胶 1.5%，王浆浓度

30%。春浆的最佳工艺参数，进风温度 175℃，进样量 40%，空气流量指

数 600 升/时；秋浆的最佳工艺参数，进风温度 175℃，进样量 20%，空

气流量指数 600 升/时。

　　刘晓琳等以洋槐蜜和蜂王浆为原料，研制出一种新型保健品——王

浆蜜粉。这种产品集合了蜂王浆和蜂蜜的营养优点，并且口感好、容易保

存、方便携带。王浆蜜粉生产工艺流程为蜂王浆解冻、蜂蜜调配、蜂王浆与蜂蜜混合、均质化、喷雾干燥/真空冷冻干燥、成品和检测。工艺操作要点包括：①调配与混合。将蜂蜜、麦芽糊精和β-环糊精混合后加水溶解，再加入解冻后的蜂王浆，充分搅拌溶解。②均质化。上述料液加入料理机混匀2分，弃去上层泡沫。③喷雾干燥。使用小型高速喷雾干燥仪，进风温度160℃，空气流量800升/时，真空冷冻干燥。料液放入超低温冰箱预冻，打开冷冻干燥机降温、抽真空，开启加热，当物料与隔板温度接近时，冻干结束。研究发现，蜂王浆蜜粉的最佳配方为蜂蜜25%，蜂王浆40%，麦芽糊精：β-环糊精6∶1，料液浓度30%。在生产工艺方面，他们发现，真空冷冻干燥的最佳工艺参数为料液厚度2.0毫米，预冻时间14小时，干燥时间14小时；喷雾干燥最佳工艺参数为进风温度160℃，进料量20毫升/分，空气流量600升/时。在对产品的评价方面，理化指标中，喷雾干燥产品的流动性优于真空冷冻干燥的产品，其含水量、溶解性和得率分别比冻干产品低16%、2.0%和2.2%；营养指标中，真空冷冻干燥产品的10-HDA含量、总糖含量和还原糖含量分别比喷雾干燥产品高18.33%、1.6%和2.2%，而羟甲基糠醛含量低8.7%。从节能环保角度考虑，真空冷冻干燥的生产周期长、耗时久、耗能高，预计喷雾干燥生产王浆蜜粉优势更显著。

值得一提的是，巴西学者对新鲜蜂王浆和冻干蜂王浆的成分进行了分析比较，并比较了这两种蜂王浆产品的抗菌能力，结果显示冻干过程对蜂王浆的成分和生物学功能没有显著的影响，是一种理想的蜂王浆加工技术。

（四）蜂王浆活性肽

张伟光等利用胃–胰蛋白酶水解蜂王浆主蛋白，用于制备血管紧张素转化酶抑制肽（具有降血压功效）。他们首先从蜂王浆中分离蜂王浆主蛋白，再酶解获得目标产物。具体方法为：新鲜蜂王浆加入 pH 7.0 的磷酸盐缓冲液中，4℃条件下充分搅拌混匀 12 小时，之后在 4℃条件下，以 5 000 转／分的转速离心 20 分，取上清液，即为蜂王浆主蛋白提取液。获得蜂王浆主蛋白提取液之后，在 37℃恒温条件下，加入胃–胰蛋白酶，调节 pH，搅拌反应，完成后煮沸将酶灭活，冷却后在 4℃条件下，以 10 000 转／分的转速离心 15 分，取上清液，即为酶解产物。再利用超滤分离技术对蜂王浆主蛋白水解产物进行分离，以制备血管紧张素转化酶抑制肽。经研究发现，酶解的最佳工艺参数为，37℃恒温、质量比为 1% 的胃蛋白酶（pH 2.0）和胰蛋白酶（pH 7.5）各水解 2 小时。蜂王浆主蛋白水解度为 28.7%，总氮回收率为 35.5%。

（五）蜂王浆护肤品

杨跃飞和姚刚报道一种含纳米包裹蜂王浆等活性成分的中老年滋养抗皱霜，对中老年滋润肌肤和抗衰老具有良好的效果。其配方和各成分功能如表 7-4 所示，工艺流程如图 7-17 所示。

表 7-4　含纳米包裹蜂王浆等活性成分的中老年滋养抗皱霜配方和各成分功能

成分	含量（％）	功能
纳米包裹蜂王浆	0.5～2.0	主要功能物质，强力抗氧化，活化细胞，保湿滋润，提供养分，修复外界损伤
纳米包裹蜂胶	0.5～2.0	
纳米包裹 β-羟基酸	0.2～1.0	促进角质更新，激发细胞活力，强化肌肤保湿能力，抵御氧化、干燥和起皱纹
纳米包裹生育酚乙酸酯（维生素E）	0.3～1.0	
纳米包裹神经酰胺	0.01～0.1	
纳米包裹 MC- 葡聚糖	2.0～5.0	保湿，舒缓，减少刺激与过敏，修复敏感，抚平细纹，增强肌肤弹性和光滑度，减缓晒伤和老化
纳米包裹抗坏血酸2-葡糖苷	1.0～3.0	抗氧化，促进角质更新，激发胶原蛋白生成，增强肌肤弹性，防止黑色素沉着，淡化色斑
鲸蜡硬脂基橄榄油酯和山梨醇橄榄油酯	2.0～4.0	天然乳化剂，使膏体细腻、稳定，涂抹吸收快、清爽、丝滑，消除刺激。增强肌肤弹性和光滑度，预防皱纹，减缓晒伤和抗老化
鲸蜡硬脂醇醚 -6 橄榄油酯	0.5～2.0	
鲸蜡硬脂醇	1.5～3.0	赋形剂，使增稠形成细腻膏体
甘油硬脂酸酯	1.0～3.0	助乳化剂，使膏体细腻、稳定
1，2-戊二醇	5.0～10.0	高效保湿剂，滋润，增强纳米包裹蜂胶等活性成分乳化分散性和促进渗透与吸收，同时具备优异的广谱抗菌活性和防腐功能，减少防腐剂引起的刺激与过敏
1，2-己二醇和辛二醇	3.0～8.0	
1，3-丁二醇	3.0～8.0	高效保湿剂，滋润，增强纳米包裹蜂胶等活性成分乳化分散性和促进渗透与吸收

成分	含量（%）	功能
天然角鲨烷	2.0 ~ 5.0	天然润肤油脂，滋润、保湿、防晒，增加丝滑感和皮肤弹性
棕榈酸乙基己酯	2.0 ~ 4.0	
棕榈酸异丙酯		
乳木果油	1.0 ~ 4.0	天然润肤油脂，滋润、防晒、修复损伤和过敏
野生核桃油	2.0 ~ 4.0	天然润肤剂，高效保湿、滋润，抗氧化，抵御辐射伤害，增强肌肤弹性和光滑度，预防皱纹，防晒和抗衰老
野山茶油	2.0 ~ 4.0	
尿囊素	0.1 ~ 0.2	促进角质更新，抗过敏，保湿
EDTA 二钠	0.02 ~ 0.1	离子螯合剂，保护活性成分，增强产品效果
透明质酸钠	0.03 ~ 0.1	高效生理保湿剂，强化肌肤保湿能力
去离子水	余量	溶剂

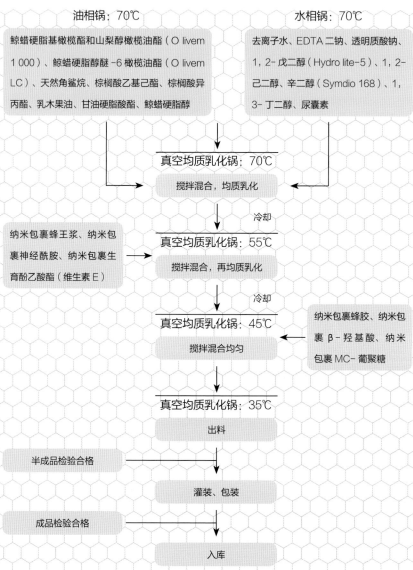

油相锅：70℃

鲸蜡硬脂基橄榄酯和山梨醇橄榄油酯（O livem 1 000）、鲸蜡硬脂醇醚－6橄榄油酯（O livem LC）、天然角鲨烷、棕榈酸乙基己酯、棕榈酸异丙酯、乳木果油、甘油硬脂酸酯、鲸蜡硬脂醇

水相锅：70℃

去离子水、EDTA二钠、透明质酸钠、1，2-戊二醇（Hydro lite-5）、1，2-己二醇、辛二醇（Symdio 168）、1，3-丁二醇、尿囊素

真空均质乳化锅：70℃

搅拌混合，均质乳化

冷却

纳米包裹蜂王浆、纳米包裹神经酰胺、纳米包裹生育酚乙酸酯（维生素 E）

真空均质乳化锅：55℃

搅拌混合，再均质乳化

冷却

真空均质乳化锅：45℃

搅拌混合均匀

纳米包裹蜂胶、纳米包裹β-羟基酸、纳米包裹MC-葡聚糖

真空均质乳化锅：35℃

出料

半成品检验合格

灌装、包装

成品检验合格

入库

图7-17 含纳米包裹蜂王浆等活性成分的中老年滋养

抗皱霜工艺流程（杨跃飞等，2012）

经试验测试，该产品能够促进健康细胞分化、增殖，抗皱，修复受损伤肌肤细胞效果显著，也验证了蜂王浆的优良护肤功效。此产品专用于中老年肌肤保养护理，具备独有的技术先进性。

（六）蜂王浆食品

1. 蜂王浆酒

蜂王浆味道酸、辣、涩，将其添加在酒中可以改善酒的口感，又强化了酒的营养价值，使人们在饮酒的同时可以强身健体。目前，白酒、啤酒、果酒和黄酒均有添加蜂王浆制成蜂王浆酒的成功范例，其中多以蜂王浆或其浸提液与成品酒配合而成。例如，李辉发明了鲜蜂王浆白酒制备方法，在其专利中描述如下："以鲜王浆、红花、小枣、食糖、基酒为原料，采用50°～55°的中段白酒经人工陈酿除杂后做基酒，对红花、小枣、鲜王浆进行冷浸提或者热浸出，对冷浸提液或热浸出液进行过滤后，加入1%～8%（百分重量比）的食糖，用5%～20%的蒸馏水勾兑，并进行过滤、澄清，入瓶包装。本发明工艺极其简单，操作十分方便，生产成本低，产品品质优良，具有很好的市场开发前景和良好的经济效益。"

郭瑞刚发明了鲜蜂王浆啤酒和果酒的制备方法，在其专利中描述如下："采用鲜蜂王浆和啤酒、果酒为原料，采取以下工艺步骤：①鲜蜂王浆的预处理，将一定比例的乙醇与鲜蜂王浆混合，搅拌均匀，过滤。②勾兑，将经过预处理的鲜蜂王浆液按一定的比例勾兑到啤酒、果酒中。其制备方法为：啤酒、果酒在过滤生产线过滤后的一道工序中安装搅拌器及带有流量计的蜂王浆储存装置，将蜂王浆按比例输入搅拌器中，通过搅拌使蜂王浆均匀地勾兑到啤酒、果酒中。本发明能使蜂王浆中的活性有效成分在啤酒、果酒中长期保持不消失，方法简便、成本低，制成的饮品具有明显的保健医疗作用和良好的社会效益及实用性市场前景。"

白祖岐等发明了一种蜂王浆人参酒，其专利中描述配方：蜂王浆、

5年以上的野人参、提纯后的蜂胶膏、五味子蜂蜜、纯天然蜂蜡。方法：①将5年以上的野人参洗净滤水切片烘干，粉为细末待用。②将提纯的蜂胶膏用纯度为99%的酒精浸泡溶化。③将①待用料和溶化后的蜂胶膏及全部配方料放入容器搅拌均匀，放入陶土坛内封闭放置，在温度4℃以下冷藏室冷藏发酵12个月。④开封用80目滤网滤除渣料即获取蜂王浆人参酒。本产品富含氨基酸和多种微量元素及维生素、矿物质，具有极强的杀菌排毒作用和防治肝炎、抗癌治癌效果，可有效控制"三高"和养脑护脑，并可防治肠胃炎和头晕目眩、心悸失眠病症，每天可早晚各1次，每次饮用30～50克即可。

2. 蜂王浆奶粉

田芸等以鲜牛奶为基础，添加蜂王浆，采用冷冻干燥和喷雾干燥技术制备蜂王浆奶粉。该产品将奶粉营养和蜂王浆营养相结合，营养丰富而独特。生产蜂王浆奶粉的主要工艺流程：鲜牛奶，过滤、冷却、冷储、预热杀菌；鲜蜂王浆，解冻；助干剂，调配。将鲜牛奶、鲜蜂王浆和助干剂进行配料，之后进行均质化、浓缩、冷冻干燥/喷雾干燥、成品和检测。

经过研究，他们总结出两种方法的最佳配方和工艺条件。冷冻干燥法制备蜂王浆奶粉最佳配方：助干剂（麦芽糊精）的添加量为25%，β-环糊精的添加量为2%，卵磷脂的添加量为0.3%，料液浓度为20%。最佳工艺条件：升华温度3℃，解析温度43℃，物料厚度3毫米。喷雾干燥法制备蜂王浆奶粉最佳配方：助干剂（麦芽糊精）的添加量为35%，乳清粉的添加量为10%，大豆分离蛋白的添加量为3%，卵磷脂的添加量为0.2%，料液浓度为20%。最佳工艺条件：进风温度150℃，空气流量814升/时，进料量 30 毫升 / 分。

3. 蜂王浆口腔崩解片

蜂王浆口腔崩解片可为吞咽困难、不愿吞咽或取水不便的老人提供极大的便利，因此具有大量的消费人群和广阔的市场前景。陈三宝等采用冷冻干燥法制备蜂王浆口腔崩解片，并优化了配方和制备工艺参数，即蜂王浆 90%、5% 聚乙二醇 4 000 倍溶液 6.5%、5% 阿斯巴甜溶液 3.5%，预冻温度不高于 -35℃。该研究中使用的冷冻干燥法基本步骤：按配方配制蜂王浆液，分装于 18 毫米直径的 PVC 泡眼中（容量 1.8 毫升），置于冷冻干燥机的冷阱中预冻 4 小时，之后放置在电热隔板上，密闭，抽真空，当真空压力小于 20 帕时加热，保持温度在物料共熔点 10℃ 以下，以 2℃ / 时速度升温升华（时间不少于 20 小时），再逐渐升温至 35℃（3 ~ 4 小时），停机恢复正常气压后产品塑封。按此配方和工艺制得的口腔崩解片，临界相对湿度由 28% 提高到 52%，具有一定硬度，崩解时间在 10 秒之内，效果良好。

4. 蜂王浆花粉蜜

玄红专等研究制备了蜂王浆花粉蜜，即将蜂王浆、蜂花粉和蜂蜜这三种具有生物活性的天然绿色蜂产品为原料有机结合，经科学加工而成的一种新型蜂产品。其生产流程为：蜂花粉粉碎、过筛、加水浸泡，磨浆，和经过预处理的蜂王浆、蜂蜜以不同比例混合，均质乳化，根据感官评价后再调配，以达到最优效果。结果显示，蜂王浆、蜂花粉、蜂蜜按 1：10：40 的比例调配最为合适。以此比例制得的蜂王浆花粉蜜，成为一种营养丰富、味道甜美的新型蜂产品。

5. 蜂王浆饮料

刘进等开发了一种蜂王浆饮料，其主要工艺流程为：取新鲜蜂王浆、除杂、提取、离心过滤、储罐、配料、超滤、加净化水、脱气、瞬时杀菌、灌装、杀菌、喷码、存储、检验、包装和成品。根据产品需要，蜂王浆须制成澄清（透明）液，其制备方法是：新鲜蜂王浆加入 75% 食用酒精，混匀后离心过滤，除去杂质，将 4 份蜂王浆、0.2 份 75% 酒精和 15 份 60℃温水混匀，此为蜂王浆悬浮液，65℃搅拌 30 分后冷却，加入 10% 碳酸钠溶液调 pH 为 5.0，以 6 000 转 / 分的转速离心 20 分，除去不溶成分，即得蜂王浆澄清液。

蜂王浆饮料的配方为蜂王浆澄清液 80 份，蜂蜜 10 份，蔗糖 10 份，柠檬酸 0.1 份，水 240 份，哈密瓜香精适量。此饮料含 0.82 毫克 / 克浓度的 10-HDA。因此，其口感好，风味独特，营养价值高。

（七）细胞培养基成分

在医学研究中，经常使用细胞培养技术。为给细胞提供充足的营养，保证其正常生长，需在培养基中添加血清。然而，血清价格较为昂贵，质量难以控制，也容易受到微生物污染。因此，不少学者研究血清替代物。由于蜂王浆具有促进细胞生长的作用，因此学者们也将目光投向了蜂王浆。

于张颖等将蜂王浆主蛋白添加到细胞培养基中，观察其对张氏肝细胞增殖的影响。结果显示，仅添加蜂王浆主蛋白不能促进细胞增殖，但是蜂王浆主蛋白与细胞培养常用的胎牛血清配合使用的话，具有很好的促生长效果。他们发现，蜂王浆主蛋白与胎牛血清以 60 ∶ 40 比例加入细胞培养基效果最好，与单纯使用胎牛血清效果无差异，甚至更好。他们也发现，两者配合使用，可促使细胞 S 期及 G0/G1 期比例增大，推测其作用可能与促进 DNA、前期 RNA 和核糖体合成有关。因此，蜂王浆主蛋白可部分替代胎牛血清用于人体细胞培养，这拓宽了蜂产品的利用渠道，使蜂王浆具有新的技术用途。

（八）食品保鲜剂

1. 啤酒保鲜剂

由于蜂王浆中的 10-HDA 具有显著的抑制细菌作用，因此在食品工业中可应用于原浆小麦啤酒保鲜。原浆小麦啤酒是指不经过滤的小麦啤酒，其中含有一定数量的活酵母，由于其中含有短乳杆菌和有害片球菌，因此其生物稳定性较差。有资料表明，10-HDA 对酵母菌无抑制作用，因此可以考虑作为啤酒中的抑菌剂，改善啤酒的生物稳定性。黄盟盟等证实了 10-HDA 对上述两种细菌均具有抑制作用，并确定了短乳杆菌和有害片球菌的最低抑菌浓度分别为 125 微克 / 毫升和 500 微克 / 毫升。他们在啤酒中接入有害菌模拟污染啤酒，并加入 10-HDA，他们发现加入 10-HDA 2 小时后对两种细菌的致死率分别为 92.98% 和 90.92%，而 36 小时后致死率为 95.66% 和 92.16%，最终确定了 10-HDA 在啤酒罐中的添加量为最终浓度 500 微克 / 毫升。对加入 10-HDA 的原浆小麦啤酒的一系列的理化指标测定，结果显示符合国家标准的要求。由此可见，10-HDA 是一种有效的小麦原浆啤酒保鲜剂，具有良好的工业应用前景。

2. 猪肉保鲜剂

程妮等以新鲜蜂王浆为材料，研究了其对猪肉的挥发性盐基氮值（用于评价肉质鲜度的唯一理化指标）和菌落总数的影响。结果表明：在4℃条件下储藏6天、使用0.01～0.1克/毫升的鲜蜂王浆均能够较对照组显著抑制猪肉的挥发性盐基氮值和菌落总数升高，挥发性盐基氮值均小于15毫克/100克，菌落总数小于1×10^4 CFU/克，属于一级鲜度。在低温环境中，蜂王浆能够有效地延长猪肉的保质期。

小知识

末端糖基化产物对人体的危害

末端糖基化产物在人体内可以和蛋白质、核酸和脂类交联，形成脂褐素。脂褐素被溶酶体吞噬后在细胞内沉积，干扰细胞代谢，产生细胞毒性，加速衰老。末端糖基化产物能够抑制肾脏外周细胞和内皮细胞的增殖，改变血管的结构和功能，聚集血小板，破坏脂蛋白代谢，从而诱发糖尿病、血管性疾病、肾病和衰老等。

专题八
蜂王浆研究和生产概况

蜂王浆产业未来的发展潜力如何，这是由其研究现状以及市场需求和行情决定的。因此我们需要对此有所了解，从宏观的战略角度去分析蜂王浆的价值所在。

一、蜂王浆研究概况

（一）研究现状及特点

由于蜂王浆对蜜蜂蜂群社会分工的维持以及促进人类健康的重要性，人们对蜂王浆的研究一直都有浓厚的兴趣。通过研究，目前人们对蜂王浆及其功能已有深入的了解，并且也有一定程度的应用。总体来说，蜂王浆研究的基本目标是"提高产量、优化质量、开发功能、促进应用"，并且具有以下特点：

1.受重视程度高，经费投入多

农业是我国经济的基础，其中畜牧业的地位非常关键。蜜蜂是重要的特种经济动物，蜂王浆研究对畜牧学乃至整个农业科学发展都影响深远。因此，国家非常重视蜂王浆研究。例如，农业部国家现代蜂产业体系项目和中国农业科学院蜜蜂研究所（图8-1）科技创新工程项目，就包含对蜂王浆蛋白质组学研究的资助。

图8-1 中国农业科学院蜜蜂研究所（范沛 摄）

2. 紧跟生命科学发展

农业科学是生命科学的重要研究领域。生命科学近年来日新月异，各种新理论、新技术不断涌现。我国的生命科学研究是发展最快的自然科学领域之一，很多方面已达到国际先进水平。屠呦呦获得诺贝尔生理学及医学奖更加印证了我国生命科学研究事业的发展速度。生命科学的迅速发展，一方面从细胞、分子等微观水平上揭示了生命活动的机理和本质，为研究蜂王浆奠定大量的科学理论依据；另一方面，新技术的出现，为研究蜂王浆提供了一把把利器。

3. 多学科交叉

由于蜂王浆具有特殊性质和作用，使得各学科领域对此都有浓厚的兴趣。蜂王浆与农业、医学、食品、生态学、化学都息息相关，因此，这些学科之间的不断交叉、融合，研究成果之间的相互支持、促进，使蜂王浆研究状况出现了日新月异的变化。

4. 高水平研究成果不断涌现

关于蜂王浆的研究成果越来越多，研究水平也越来越高。论文和专利是反映科研水平和应用水平的重要标志。其中 SCI（美国《科学引文索引》，是国际公认的进行科学统计与科学评价的主要检索工具）收录的高水平研究论文逐年增多。例如《自然》（*Nature*）《蛋白质组学研究》（*Journal of Proteome Research*）《科学报告》（*Scientific Reports*）等国际著名杂志都有收录关于蜂王浆研究的成果。

通过对 Google Scholar、Elsevier、Springerlink、NCBI、ISI Web of Knowledge、中国知网等数据库的检索，发现仅 2015 年一年，全球发表与蜂王浆相关

的中、英文研究论文共 56 篇，其中被 SCI 收录 30 篇，普通英文类 15 篇，普通中文类 11 篇。在被 SCI 收录的 30 篇论文中，第一单位来自中国的论文有 5 篇，日本有 2 篇，伊朗有 4 篇，埃及和土耳其各有 3 篇，叙利亚和约旦各 1 篇，此外，在欧美国家中，加拿大有 2 篇，美国、巴西、波兰、韩国、马其顿、斯洛伐克、西班牙、新西兰、意大利各有 1 篇。普通英文论文同样以中东国家为主，埃及、土耳其、伊拉克和伊朗共发表了 12 篇，占总数的 80%。由此可见，在蜂王浆研究方面，我国处于世界领先的地位。

5. 基础理论与应用并举

蜂王浆研究以分子生物学、生物化学、基因工程、蛋白质组学和生物信息学等理论体系为基础，因此蜂王浆研究与基础理论的发展有很大的相互促进作用。吴雨祺等分析了 2015 年全球 30 篇关于蜂王浆的 SCI 论文学科分布情况。其中既包括关于蜂王浆生物学活性的研究（21 篇），也包括蜂王浆内、外源性物质的研究（9 篇），体现了在蜂王浆研究方面，全球范围内重视基础理论研究的特点。

此外，蜂王浆的应用开发研究也很深入，其应用也呈现出精准化、多样化的特点。人们不仅仅单纯食用蜂王浆，而且从其中分离出多种活性成分，这些具体成分可应用于医疗保健、工业生产和科学研究。

作为最大的蜂王浆生产和出口国，我国一直是蜂王浆方面申请专利最多的国家，这表明我国在蜂王浆相关领域的开发热情和对知识产权保护的重视。吴雨祺等的统计结果显示，2015 年我国蜂王浆专利 55 项。国外方面，韩国有 1 项专利。而在亚洲之外，美国有 2 项，俄罗斯和欧盟各有 1 项专利。在 2015 年中国蜂王浆专利中，发明授权有 8 项，公布的发明专利 28 项，还有 13 项实用新型专利和 6 项外观设计专利。这种结构分布说明我国的专利主要集中于创新含量较高的发明专利，同时也兼顾实用类技术和商业用途设计。

国内外专利以蜂王浆制品为主，包括蜂王浆蛋白抗炎制剂、蜂王浆抗衰老制剂和蜂王浆制作的糖衣等以及具有护肝作用的蜂王浆口服液、蜂王浆酒和王浆花粉蜜等。同时也有关于蜂王浆生产和质控的发明，例如，用于蜂王浆机械化生产的钳虫机发明和利用蜜蜂 SsRbeta 基因荧光定量 PCR 技术鉴别蜂王浆产量性能的方法发明等。

（二）未来研究发展趋势

1. 基因工程

以 Crispr/Cas9 基因敲除技术为代表的基因工程技术日新月异，大大促进了生物技术研究领域的发展速度。在蜂王浆研究中，这些先进技术可应用于蜜蜂基因改造，为培育更加优良、强壮的蜂种，生产出更加质优的蜂王浆以及其中的某些活性成分提供强有力的技术工具。不仅如此，通过体外表达系统，可以人工生产蜂王浆主蛋白和 10-HDA 这些本来属于蜂王浆特有的物质，大大提高蜂王浆具体成分的应用水平。

2. 蛋白质科学和生物信息学

蛋白质是蜂王浆中的主要成分，深入研究蛋白质的结构、性质和功能，将在很大程度上发掘蜂王浆的价值、促进蜂王浆的应用。如前所述，体外生产蜂王浆蛋白质是可行的，但是，体外表达的蛋白质如若赋予生物活性，还须经过特定的化学修饰。如何通过化学修饰赋予体外表达蛋白质活性？

这些工作的开展都需要蛋白质科学理论和技术作为基础。此外，通过改变蛋白质结构及其他性质来提高其活性，则可通过对蛋白质结构的模拟和量子力学／分子动力学计算等生物信息学方法指导改性研究。

3. 快速检测和高效分离

总体来说，目前对蜂王浆质量、新鲜度和成分测定的方法，仍需要较为复杂、昂贵的仪器，耗时也比较长。未来可开发出便携式检测工具，能够对上述内容进行实时、快速检测，对规范蜂王浆生产、销售都有十分重要的意义。蜂王浆中的特定成分具有特定功能，因此具有不同的应用领域和价值。未来如何提高具体成分的分离效率，降低成本，也是需要着重考虑的问题。

4. 加强应用

目前对蜂王浆的应用研究已经较为系统和深入，作为具有生物活性的天然食品，蜂王浆几乎没有毒性，因此具有广阔的开发潜力。尤其是在医疗保健方面，目前成果大多处于基础研究层面，临床应用还较少。未来如何加大在临床上的应用水平，也是需要科研工作者深入思考的问题。

5. 蜜蜂生产

蜂王浆对蜜蜂蜂群生态具有重要的作用。目前已经对蜂王浆如何保持蜜蜂级型分化、促进蜂王发育有了较多了解。其中蛋白质（蜂王浆主蛋白1）是关键物质，而蜂王浆蛋白质可以人工生产。未来能否通过人工合成的蜂王浆进行蜜蜂生产，这又能否促进蜜蜂生产效率，也有待科研人员深入研究。

二、蜂王浆国内市场现状及原因分析

国内不少学者（例如：方兵兵、刘进祖等）对近年来蜂王浆市场进行了研究分析，很多知名媒体也很重视蜂王浆市场行情。这些信息对我们了解国内蜂王浆市场极具价值。

（一）国内市场现状

1. 整体情况

2014 年秋季，浙江、安徽、江西等地气候干燥，整体少雨，蜂场普遍发生盗蜂，造成蜂群基础差，群势弱。

2015 年，蜜蜂春繁期雨期较长，温度较低，直到 4 月油菜盛花期，很多蜂场仍未上继箱生产，使得从油菜开花到花期结束，蜂群群势弱，蜂蜜、蜂王浆减产严重，全国各地的收购形势不好。据湖北、江苏一些收购点反映，油菜王浆收购量只是往年的一半左右，减产四成以上。四川早春的蜂农最高价由 180 元 / 千克逐渐降至 140 元 / 千克；4 月湖北、江西蜂农油菜王浆市场价 130 元 / 千克，与 2014 年同比上涨 10% ～ 20%，产量下降；安徽、江苏市场价 120 ～ 125 元 / 千克，与上年相比价格增长 10% ～ 15%，产量有所增加。但 5 月洋槐王浆产量下降，价格略有上升，蜂农市场价 120 ～ 135 元 / 千克。5 ～ 6 月河南、山东洋槐浆市场价 118 ～ 122 元 / 千克，陕西等地洋槐蜜丰收，蜂农集中精力产蜜，蜂王浆产量下降，使其价格略有上升，蜂农市场价 120 ～ 130 元 / 千克。下半年青海油菜蜜、蜂花粉和蜂王浆都大幅减产，抗生素超标，一部分甘肃等地的蜂王浆流入青海，收购价维持在 130 元 / 千克左右。7 月，吉林、黑龙江椴树浆 130 ～ 135 元 /

千克，收购商主要为东北内销商家。8月内蒙古蜂王浆价125元/千克左右，蜂场虽多，但因雨水多，导致王浆产量下降。由于2015年蜂蜜产情较好，蜂农多换用蜜王，加上产蜜过多，造成后期蜂群群势下降，很多蜂农停止产浆，生产蜂王浆蜂群减少，致使椴树、荆条蜂王浆产量下降，至9月才有少量王浆出现，价格较高，直到年底价格仍维持春浆水平。浙江、安徽两地茶花浆产量较低，价格也在120～125元/千克，与2014年、2013年基本持平，比2012年的1 800吨下降33.33%。

2. 原因分析

国内经济发展速度整体放缓。2015年经济下行压力不断加大，GDP增速6.9%，创下25年新低，这也是1990年以来中国全年GDP增速首次破"7"，影响了消费者的购买力，进而也直接影响了国内蜂王浆的消费数量。

蜂王浆在国内市场的销售动力不足。许多蜂王浆企业观念落后，导致产品结构雷同陈旧，对新产品的研发力度严重滞后，加上企业营销理念先天不足，营销手段缺乏创新，没有形成大规模的、正面的宣传。另外，传统的营销专卖店、专卖柜由于受成本的制约难以持久，裁员和关张的店面比比皆是，严重影响了蜂王浆的销售。

蜂王浆质量明显下降。主要原因是蜂王浆10-HDA含量下降，抗生素超标及过滤浆、添加浆等问题仍然存在。

奇谈怪论误导消费者。由于缺乏正面的、正确的销售理念引导，蜂王浆"激素论"的传播效应有时超过正能量，蜂王浆的"主粮论"也混淆其上，对蜂王浆消费的负面影响较大。

（二）国际市场现状

2010 年之前，我国蜂王浆的出口价格相对平稳，但价格水平不高，在一定程度上影响了蜂农的养殖积极性。2012 年，我国鲜王浆的质量明显提高，收购价格也相应呈走高势态，对应的出口量及出口价格也出现一定程度的上涨。

受 2012 年蜂王浆价格走高的影响，2013 年蜂农开始逐步更换蜂王，蜂王浆高产，相关部门也努力推广普及取浆机械化生产设备，但受蜂王浆激素宣传的误导、蜂王浆质量安全隐患等问题影响，国内蜂王浆市场整体较为低迷，销售情况平淡。

2014 年鲜王浆出口量整体下降，2015 年出口量同比下降。

王浆冻干粉方面，之前出口价格一直比较平稳，2012 年出口总量和价格有了明显提高。2014 年王浆冻干粉出口量大幅下降，至 2015 年，出口量同比回升。

而在 2007 年之前，我国王浆制剂出口基本平稳，2008 ~ 2010 年我国王浆制剂出口数量相对减少，但出口价格维持在一个较高的水平阶段。2011 年，我国王浆制剂出口价格达到新高，但出口数量急剧减少。之后的两年，出口价格出现较大幅度的下滑。2013 年，我国王浆制剂的出口量更是创出新低，对拉美、美、日等主流市场的出口量全面大幅下滑。2014 年我国王浆制剂出口进一步下降。2015 年，王浆制剂出口量同比下降。

（三）我国王浆产品出口情况

目前我国王浆出口产品类型主要包括鲜王浆、王浆冻干粉和制剂三种。

来自海关方面的统计数据显示，2015 年我国出口蜂王浆将近 1 500 吨，是国内市场 1 200 吨的 1.25 倍，是出口最好年份 2013 年 1 620 吨的 80%。出口总额 4 231 万美元，是 2013 年出口总额 5 182 万美元的 81.65%。其中，蜂王浆干粉 239.8 吨，比 2014 年上升 8.73%；出口额 2008.1 万美元，同比上升 4.63%，价格 83.74 美元／千克，同比下降 3.77%。鲜蜂王浆 726.79 吨，比 2014 年下降 2.15%；出口额 1 940.91 万美元，同比下降 3.64%；价格 26.71 美元／千克，同比下降 1.52%。蜂王浆制剂 294 吨，比 2014 年下降 48.1%；出口额 282 万美元，同比下降 65.1%。这就是说，蜂王浆干粉出口量、出口额均小幅增长，鲜蜂王浆出口量、出口额和单价以及蜂王浆干粉的出口单价均小幅下降，而蜂王浆制剂的出口量和出口额均大幅下降（50% 左右）。

1. 鲜王浆

据相关报道，2015 年我国鲜王浆出口企业为 41 家，其中国有企业 5 家，其出口量占我国鲜王浆对外出口总量的 5.97%；私营企业为 32 家，2015 年出口量 617 706 千克，同比增长 1.52%，私营企业出口量占我国鲜王浆对外出口总量的 84.99%；外商独资企业从上年的 2 家下降为 1 家，但出口均价为 28.72 美元／千克，同比下降 17.46%，出口量占我国鲜王浆对外出口总量的 1.10%；中外合资企业 3 家，出口量占我国鲜王浆对外出口总量的 7.94%。

目前我国鲜王浆的主要出口企业为浙江江山恒亮蜂产品有限公司、杭州碧于天保健品有限公司、杭州蜂之语股份有限公司、北京一品全蜂产品有限公司、中日合作成都世纪蜂业有限公司和浙江裕蜂行进出口有限公司等。

从出口地区来看，我国的鲜蜂王浆出口国主要是日本、法国、西班牙、比利时和泰国等五国，每个国家均在 50 吨以上，五国出口量达 570.07 吨，占出口总量的 78.44%。其中，日本为 285.60 吨，是唯一超过 100 吨的国家。日本市场对我国鲜王浆的需求一直比较旺盛，目前已成为世界上王浆消费的最大国。王浆制品作为天然的、综合性的高级营养补品，其成品种类也比较繁多。日本对王浆的品质要求较高，对王浆的检测比较严格，所以出口价格也一直处于较高水平。

2. 王浆冻干粉

据报道，2015 年我国王浆冻干粉的出口企业为 58 家，与上年相比增加了 10 家。其中国有企业 12 家，出口量占我国王浆冻干粉对外出口总量的 5.44%；私营企业为 41 家，比上年增加 7 家，出口量 190 281 千克，同比增长 16.56%，其出口量占我国王浆冻干粉对外出口总量 79.35%；外商独资企业 1 家，而上年是 2 家，出口量占我国王浆冻干粉对外出口总量的 2.96%；中外合资企业 4 家，出口量占我国王浆冻干粉对外出口总量的 11.42%。出口王浆冻干粉的集体企业仅为 1 家，出口均价最高，为 100.06 美元 / 千克。

当前我国王浆冻干粉的主要出口企业为杭州蜂之语股份有限公司、浙江惠松制药有限公司、浙江江山恒亮蜂产品有限公司和青海新铠实业有限公司等。

我国的蜂王浆干粉出口国主要是日本、美国、新西兰、西班牙、澳大利亚五国，出口量达 194.79 吨，占出口总量的 81.23%。其中，日本为

98. 39 吨，美国为 39. 10 吨，新西兰为 25. 70 吨。

3. 王浆制剂

据报道，2015 年我国王浆制剂的出口企业为 30 家，较 2014 年减少了 2 家。其中国有企业 11 家，出口量 193 719 千克，同比减少 30.92%，其出口量占我国王浆制剂对外出口总量的 65.92%；私营企业为 18 家，出口量 84 145 千克，同比增长 6.12%，其出口量占我国王浆制剂对外出口总量的 28.63%；中外合资企业 1 家，出口量占我国王浆制剂对外出口总量的 5.45%，出口均价过去较高，2015 年同比下降 46.41%，为 9.28 美元 / 千克。

目前，我国王浆制剂的主要出口企业为哈药集团股份有限公司、沈阳美尔康对外贸易有限公司、大连瑞兴国际贸易有限公司和大连古草天然保健品有限公司等。

早前，东盟、欧盟（含 15 国和东扩 20 国）、南美洲和北美洲曾是我国王浆制剂出口的主要地区，但从 2011 年起，部分市场出现了一些变化，东盟和非洲对王浆制剂的需求逐渐减少，北美和欧盟的需求逐步上升。

从供应商来看，我国蜂王浆主要出口省市集中在浙江、北京、江苏等地，浙江仍然是蜂王浆干粉出口主要来源地，但出口总量下降，恒亮、蜂之语、新铠、惠松、一品全名列前五，其中，恒亮、一品全大幅增长。而鲜王浆出口量浙江占了 3/4 的江山，恒亮仍独占鳌头，第二到第五名均在杭州。哈药股份、沈阳美尔康、怡康药业生产的蜂王浆制剂出口量位列前三名。

（四）蜂王浆产业存在的问题及分析

1.有利方面

随着蜂王浆国际标准制定工作取得突破性进展，我国的蜂王浆事业在产业发展、科学研究、质量监督等方面都发生了巨大的变化，尤其是在对国际价格的主导权上有了进一步的提高。同时，我国王浆制剂的出口总体上有下滑势态，这需要引起高度重视。我国的蜂王浆内销市场，总体上比较平淡，也有比较可喜的一面，即少数企业逆流而上，脱颖而出，采用优质优价的策略，引导蜂农生产高品质的蜂王浆，保证产品的质量。他们筛选具有良好生产规范的蜂场，严格控制各项指标，采用必要的冷链运输和储藏条件，保证从蜂场到消费者手中的蜂王浆是高质量的、新鲜的。同时，通过提高服务意识，在市场上对蜂王浆进行正面的宣传和引导，使消费者亲身体验、食用蜂王浆，通过其对自身的改变，来体验蜂王浆的作用和效果。专卖店蜂王浆销售价可达 1 080 元 / 千克，这种以真正优质的蜂王浆实现了企业、蜂农与消费者多赢的格局，值得学习。

2.存在的问题

目前仍须加强建立健全蜂王浆市场监管体制。在大中城市的城乡接合部，有一些定地饲养的蜂场，既无工商部门颁发的营业执照，也无生产许可证，更无 QS 认证，是食药监管部门控制的盲区，这些蜂场生产的蜂王浆，10-HDA 含量普遍偏低，并且也没有按照蜂王浆国家标准的相关要求进行生产，其产品质量令人担忧。此外，在国内一些旅游景点或者旅游沿线，经常看到一些不法商贩打着自产自销的幌子，向消费者兜售过滤浆、掺水浆或劣质浆。此类现象不仅损害了消费者的身体健康和切身利益，也容易使消费者对蜂王浆丧失信任，必将严重影响蜂农养蜂生产的积极性和蜂王浆产业的发展。好在国家对食品的监管力度不断加强，抽查市场产品的频次也越来越密。特别是2015年10月1日史上最严的新《中华人民共和国食品安全法》颁布实施以来，加大了对不符合要求食品的处罚力度，并通过媒体直接发布，对一些不法企业是一种强有力的震慑。

专家普遍预计，蜂王浆国内销售渠道将进一步拓宽，专卖店（图8-2）、电子商务、特色销售等新的销售形式将有更大发展。国内蜂王浆产品的创新和分工更加明晰，对蜂王浆的科学宣传和市场定位会发生改变。

图8-2　北京中蜜科技发展有限公司"中蜜蜂园"专卖店（范沛　摄）

3. 如何走出蜂王浆产业的困境

强化标准建设，确保产品质量安全。质量是蜂王浆产业的生命线。由于蜂王浆价值与其价格严重背离，使得蜂农只有依赖提高蜂王浆产量来维持收入，每年蜜蜂单产蜂王浆10千克以上的现象已很普遍，导致10-HDA逐年下降。这种"一高两低"（产量高、价格低、质量低）的现象亟须转变。相关试验表明，饲喂白糖、高果糖浆及代用蛋白粉的蜂群，后期群势明显下降，而饲喂蜂蜜和蜂花粉的蜂群群势良好，生产的蜂王浆质量也高；台基数量超过 8 条的蜂王浆生产群，产量提高了，10-HDA 却反而下降了。

转变生产方式，实行优质优价。自 20 世纪 80 年代至今，多数蜂产品收购价格逐年上涨。如蜂蜜、蜂胶收购价上涨了 4 倍以上，蜂花粉上涨 1 倍多，唯有蜂王浆价格下跌了一半，从 240 元 / 千克下降到 120 元 / 千克，价格下跌导致品质下降。在我国，作为生产技术世界第一、产量世界第一的蜂王浆，还不能给我们蜂业带来丰厚的经济效益，20 ~ 30 美元 / 千克的鲜王浆出口价格，对我国蜂业来讲是非常不公平的，严重损害了蜂农和消费者的利益，打击了蜂农的积极性。蜂王浆产业摆脱困境的出路在于转变生产方式，从供给侧结构性改革的角度看，应减少蜂王浆产量，把单纯追求产量的生产方式转变到全面提升质量品质和高经济效益的正确轨道上，引导蜂农生产高品质、原生态、保安全、高活性的蜂王浆，全行业共同努力，促进我国蜂王浆产业健康快速可持续发展。

加强基地建设，实施科学养蜂。蜂王浆生产企业应建立自己可管可控的养蜂基地，组成"龙头企业 + 基地 + 合作社"这种相互依存、共同发展的产业链。实施科学养蜂，可溯源管理，科学处理优质与高产的矛盾，用药期杜绝生产王浆，从源头提高蜂农质量安全意识和规范养蜂生产管理办法，同时尊重蜜蜂福利，保证蜜蜂健康，以健康的蜂群生产优质的蜂王浆。

加强临床研究，提高正能量的宣传力度。蜂王浆既是功能性保健食品，又是国家食药局批准的准字号药品。2013 年统计数据显示，在国家的 SFDA 获批的蜂王浆保健食品共有 139 个品种，获准字号的冻干蜂王浆药品 26 个。随着人们对蜂王浆这一绿色、天然食品的深入认识，人们对健康的不懈追求，相信在全社会的共同努力下，蜂王浆产业将会得到健康、稳步发展。

主要参考文献

[1] 魏文挺．基于蜂王浆与盐酸显色反应和脂肪酸组成的蜂王浆质量控制研究 [D]. 杭州：浙江大学，2014.

[2] 荆战星．意大利蜜蜂（Apis mellifera ligustica）工蜂上颚腺 10-HDA 分泌规律及腺体蛋白研究 [D]. 福州：福建农林大学，2010.

[3] 赵亚周，田文礼，胡熠凡，等．蜜蜂蜂王浆主蛋白（MRJPs）的研究进展 [J]. 应用昆虫学报，2012，49（5）：1345-1353.

[4] 胡福良，陈盛禄，林雪珍，等．意大利蜂工蜂咽下腺细胞超微结构与分泌活性 [J]. 浙江农业大学学报，1997（1）：75-80.

[5] 马卫华，郭亚平，张小民，等．意大利工蜂咽下腺结构观察 [J]. 环境昆虫学报，2012，34（4）：724-727.

[6] 曾志将，席方贵，温泽章，等．意蜂与中蜂王浆腺形态的研究 [J]. 中国蜂业，1990（5）：6-7.

[7] 鲁小山．王浆高产蜜蜂咽下腺发育磷酸化蛋白质组分析 [D]. 郑州：郑州大学，2014.

[8] 郝昭程．10-HDA 生物合成相关酶基因在毕赤酵母中的表达 [D]. 济南：齐鲁工业大学，2015.

[9] 蓝瑞阳，朱威，季文静，等．蜂王浆蛋白质提取工艺研究 [J]. 蜜蜂杂志．2008，3：8-20.

[10] 于张颖，肖发，柳丹丹，等．蜂王浆主蛋白提取工艺优化及质量分析 [J]. 食品工业科技，2014，35（19）：185-188.

[11] 刘娟．蜂王浆蛋白的分离纯化及常温储存过程中的变化 [D]. 北京：中国农业科学院，2012.

[12] 闵丽娥．蜂王浆超氧化物歧化酶分离纯化及部分性质研究 [D]. 成都：四川大学，2002.

[13] 张兰．蜂王浆蛋白翻译后修饰及未知蛋白探索 [D]. 北京：中国农业科学院，2013.

[14] 陈盛禄，苏松坤，柳巧民，等．蜂王浆 10-HDA 与王浆酸度相关性的研究 [J]. 蜜蜂杂志，2006，26（3）：9-10.

[15] 王艳辉，余玉生，卢焕仙，等．不同品种蜜蜂及不同花期生产蜂王浆癸烯酸含量的差异 [J]. 江苏农业科学，2012，40（12）：337-338.

[16] 董彩霞，谷永庆，尚冰冰，等．分光光度法测定蜂王浆中 10-HDA 含量 [J]. 光谱实验室，2008，25（2）：176-179.

[17] 张燮，傅春艳．高效液相色谱法测定蜂王浆中特有成分 10- 羟基 -2- 癸烯酸的研究 [J]. 高等学校化学学报，1989（6）：609-613.

[18] 张德东，赵余庆．HPLC-ELSD 法测定不同蜜源蜂王浆中 10-HDA[J]. 中草药，2009，40（3）：473-475.

[19] 罗小凤，邹盛勤，刘传安．反相高效色谱法测定蜂王浆中 10-HDA 的含量 [J]. 食品科技，2006，31（8）：249-251.

[20] 龙洲雄，万春花，王凯，等．反相液相色谱法测定蜂王浆及其制品中 10-HDA[J]. 食品科学，2005，26（1）：170-172.

[21] 林国斌，陈小萍，倪蕾，等．气相色谱法测定蜂王浆及制品中的 10- 羟基 -2- 癸烯酸 [J]. 实用预防医学，2005，12（1）：172.

[22] 孙保国，姚昌莉，侯鹏亮．胶束电动毛细管色谱法测定蜂王浆及制品中的 10- 羟基癸烯酸 [J]. 药物分析杂志，1998（5）：329-333.

[23] 潘荣生，李平，李素琴．ELISA 测定蜂王浆中 10- 羟基 -α- 癸烯酸 [J]. 畜牧与兽医，2001，33（4）：4-8.

[24] 耿靖玮，于爱红，弭孝涛，等．蜂王浆中 10-HDA 提取工艺的研究 [J]. 中国酿造，2010（9）：86-89.

[25] 王文风，徐玲，王腾飞，等．从蜂王浆中提取蜂王酸的研究 [J]. 食品与药品，2008，10（2）：30-32.

[26] 张庆娜，杨少波．大孔树脂纯化蜂王浆中 10-HDA 工艺的研究 [J]. 中国蜂业中旬刊：学术，2014，65（13）：47-49.

[27] 王腾飞．产 10- 羟基 -2- 癸烯酸微生物菌株的选育 [D]. 济南：山东轻工业

学院，2006.

[28] 王海燕．产 10-HDA 菌株的改良及发酵调控 [D]. 济南：山东轻工业学院，2008.

[29] 奉强，韩涛，何冰，等．10- 羟基 -2- 癸烯酸合成进展[J]. 成都师范学院学报，2016，32（3）：101-107.

[30] 张敬，戴秋萍，刘艺敏，等．蜂王浆冻干粉对小鼠肿瘤的抑制作用 [J]. 同济大学学报（医学版），2001，22（5）：13-14.

[31] 陈立军，彭瑜，朱荃．蜂王浆冻干粉对 B16-BL6 黑色素瘤生长的影响 [J]. 中国医药指南，2011，09（5）：55-57.

[32] 刘占才，牛俊英．超氧阴离子自由基对生物体的作用机理研究 [J]. 焦作师范高等专科学校学报，2002，18（4）：48-51.

[33] 侯春生，骆浩文，洪建军，等．蜂王浆抗氧化抗衰老作用原理与机理探析 ."神蜂杯"全国蜂产品市场信息交流会，2009.

[34] 杨文超，陈露，缪晓青．蜂王浆抗衰老作用研究 [J]. 特别健康：下，2014，10：762-764.

[35] 吴安杏．蜂王浆和蜂王浆蛋白的降血脂研究 [D]. 福州：福建农林大学，2012.

[36] 周爱萍，余倩，裴晓方，等．蜂王浆对小鼠免疫功能增强作用的研究 [J]. 现代预防医学，2006，33（1）：23-24.

[37] 陶挺，苏松坤，陈盛禄，等．蜂王浆蛋白生物学功能的研究 [J]. 应用昆虫学报，2008，45（1）：33-37.

[38] 许宝华．蜂王浆对日本大耳兔生长及繁殖性能的影响 [D]. 南昌：江西农业大学，2011.

[39] 冯毛．意大利蜜蜂（Apis mellifera L.）工蜂咽下腺发育蛋白质组分析[D]. 北京：中国农业科学院，2010.

[40] 韩胜明．意大利工蜂头部腺体的形态结构研究[J]. 中国蜂业，2002，53（4）：4-6.

[41] 罗雪雅．蜂王浆新鲜度指标筛选与缓解体力疲劳功能研究 [D]. 重庆：西南大

学，2008.

[42] 高铁俊，董捷，张守文，等．氯化硝基四氮唑蓝比色法测定蜂王浆中糖化蛋白含量 [J]. 食品科学，2009，30（24）：256-259.

[43] 陈婉玉，林洪平．紫外分光光度法测定蜂王浆中粗蛋白含量的探讨．海峡两岸中医蜂疗高峰论坛，2010.

[44] 王一然．用主蛋白 -1 特异性多抗检测蜂王浆新鲜度和掺假蜂蜜的 ELISA 技术研究 [D]. 杭州：浙江大学，2015.

[45] 高红艳，许强，杨志怀，等．FT-IR 在研究蛋白质二级结构中的应用 [J]. 宝鸡文理学院学报（自科版），2009，29（3）：47-53.

[46] 吴黎明，周群，周骁，等．蜂王浆不同贮存条件下蛋白质二级结构的 Fourier 变换红外光谱研究 [J]. 光谱学与光谱分析，2009，29（1）：82-87.

[47] 吴黎明，周群，赵静，等．FTIR 光谱法整体评价蜂王浆新鲜度的研究 [J]. 光谱学与光谱分析，2009，29（12）：3236-3240.

[48] 周骁，薛晓锋，吴黎明，等．反相离子对色谱法测定蜂王浆中糠氨酸的含量 [J]. 食品科学，2008，29（5）：370-372.

[49] 吴黎明，田文礼，薛晓锋，等．高效液相色谱法测定蜂王浆中羟甲基糠醛含量 [J]. 食品科学，2008，29（3）：412-414.

[50] 高夫超，崔长日，魏月，等．高效液相色谱法测定蜂王浆中 6 种糠醛类物质含量 [J]. 食品安全质量检测学报，2014（11）：3603-3609.

[51] 刘娟，高铁俊，董捷，等．蜂王浆室温储存过程中的褐变产物 [J]. 食品科学，2012（6）：238-241.

[52] 吴黎明．蜂王浆新鲜度指标和评价方法研究 [D]. 杭州：浙江大学，2008.

[53] 薛晓锋，赵静，陈兰珍，等．离子色谱法测定蜂花粉与蜂王浆中的葡萄糖、果糖、蔗糖和麦芽糖 [J]. 食品与发酵工业，2012，38（11）：162-165.

[54] 任勤．蜂王浆中药物残留来源确定及在蜂群中消除规律研究 [D]. 福州：福建农林大学，2008.

[55] 薛晓锋，吴黎明，陈兰珍，等．蜂王浆中链霉素残留的提取、净化及液相色

谱测定方法研究 [J]. 食品科学，2008，29（11）：487-489.

[56] 黄新球，胡宗文，邵金良，等 . 高效液相色谱法测定蜂王浆中林可霉素残留 [J]. 食品科技，2015（9）：294-297.

[57] 王强 . 蜂王浆中雌激素活性化合物的分析方法研究 [D]. 北京：中国农业科学院，2014.

[58] 刘佳霖，梁明荣，高丽娇，等 . 4 种蛋白酶制备水溶性蜂王浆 [J]. 蜜蜂杂志，2014，34（5）：8-10.

[59] 戚向阳，吴丽琴 . 酶改性蛋白制备水溶性蜂王浆的研究 [J]. 食品工业科技，2009（4）：144-147.

[60] 刘佳霖，梁明荣，高丽娇，等 . 酶解与包合技术制备水溶性蜂王浆 [J]. 云南农业大学学报，2015，30（2）：234-238.

[61] 赵娜 . 王浆冻干与喷雾干燥的比较研究 [D]. 福州：福建农林大学，2010.

[62] 刘晓琳 . 两种不同干燥技术制备王浆蜜粉的研究 [J]. 福州：福建农林大学，2011.

[63] 张伟光，袁鹏，尹志红，等 . 胃－胰蛋白酶水解蜂王浆主蛋白制备血管紧张素转化酶抑制肽工艺的优化 [J]. 浙江大学学报（农业与生命科学版），2012，38（4）：511-518.

[64] 杨跃飞，姚刚 . 一种含纳米包裹蜂王浆等活性成分的中老年滋养抗皱霜及其制备方法 [J]. 中国蜂业，2012（36）.

[65] 田芸 . 蜂王浆奶粉制备工艺研究 [D]. 福州：福建农林大学，2012.

[66] 陈三宝，郭孟萍 . 蜂王浆口腔崩解片的制备工艺研究 [J]. 中成药，2012，34（1）：175-177.

[67] 玄红专，付崇罗，吴玉厚 . 蜂王浆花粉蜜制备工艺研究 [J]. 食品工业科技，2008（6）：226-227.

[68] 刘进，徐怀德 . 蜂王浆 10-HDA 提取和饮料加工技术研究 [J]. 食品研究与开发，2003，24（6）：53-55.

[69] 于张颖 . 蜂王浆主蛋白（MRJPs）替代牛血清（FBS）培养人体细胞应用

技术研究 [D]. 杭州：浙江大学，2014.

[70] 黄盟盟．10-HDA 对原浆小麦啤酒的保鲜作用 [D]. 济南：山东轻工业学院，2010.

[71] 程妮，高慧，王毕妮，等．蜂王浆对猪肉保鲜作用的研究 [J]. 食品与发酵工业，2010（8）：165-167.

[72] 吴雨祺，陈伊凡，郑火青，等．2015年国内外蜂王浆研究概况 [J]. 中国蜂业，2016，67（3）：19-22.

[73] 李肖．饲料蛋白源对意大利蜜蜂繁蜂效果和蜂王浆品质的影响 [D]. 泰安：山东农业大学，2014.

[74] 王改英，李振，杨维仁，等．日粮蛋白质水平对浙农大 1 号意大利蜜蜂产浆及咽下腺发育的影响．江西农业大学学报，2011，33（6）：1176-1180.

[75] 孙缅恩，杜冠华．晚期糖基化终产物的病理意义及其机制．中国药理学通报，2002，18（3）：246-249.

[76] FRATINI F，CILIA G，S MANCINI，et al. Royal Jelly：An ancient remedy with remarkable antibacterial properties[J]. Microbiological Research，2016，192：130.

[77] ANJA BUTTSTEDT，ROBIN FA MORITZ，SILVIO ERLER. More than royal food-Major royal jelly protein genes in sexuals and workers of the honeybee Apis mellifera[J]. Frontiers in Zoology，2013，10（1）：1-10.

[78] KAMAKURA M．Royalactin induces queen differentiation in honeybees[J]. Nature，2012，473（7348）：478-83.

[79] FAN P，HAN B，FENG M，et al. Functional and Proteomic Investigations Reveal Major Royal Jelly Protein 1 Associated with Anti-hypertension Activity in Mouse Vascular Smooth Muscle Cells[J]. Scitific Report，2016，doi：10.1038/srep30230.